科学。奥妙无穷▶

多媒体世界的遨游

DUOMEITI SHIJIEDEAOYOU

费希娟 编著

中国出版集团

现代出版社

目

录

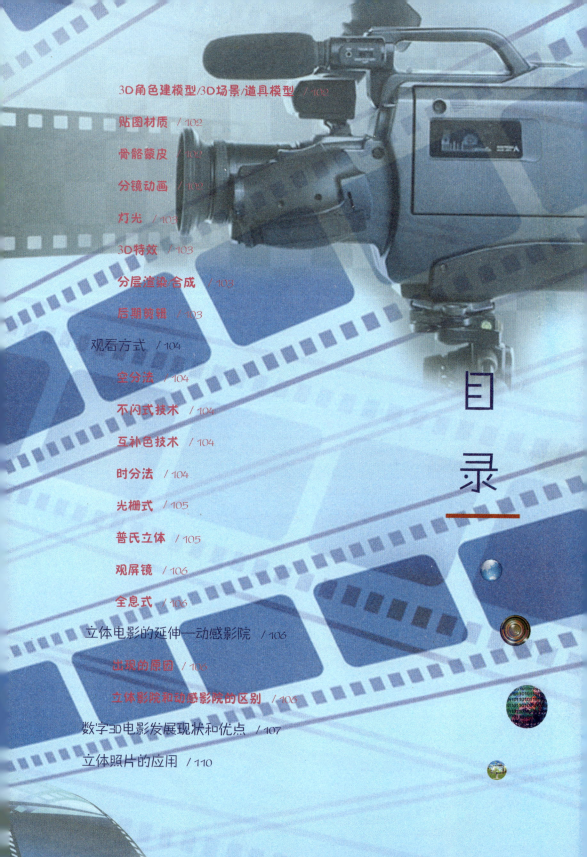

目 录

目

录

多媒体世界的遨游

你想知道3D大片的效果是怎样做出来的吗？你想知道星球大战的特技是怎样出现的吗？你想知道学校的多媒体设备是怎样应用的吗？你想知道图片、视频、音频怎样修出完美的效果吗？就让我们一起走进多媒体的世界！

● 多媒体概览

多媒体的定义 〉

它展示信息、交流思想和抒发情感。它让你看到、听到和理解其他人的思想。也就是说，它是一种通讯的方式。

在计算机和通信领域，我们所指的信息的正文、图形、声音、图像、动画，都可以称为媒体。从计算机和通信设备处理信息的角度来看，我们可以将自然界和人类社会原始信息存在的形式——数据、文字、有声的语言、音响、绘画、动画、图像（静态的照片和动态的电影、电视和录像）等，归结为 3 种最基本的媒体：声、图、文。传统的计算机只能够处理单媒体——"文"，电视能够传播声、图、文集成信息，但它不是多媒体系统。通过电视，我们只能单向被动地接受信息，不能双向地、主动地处理信息，没有所谓的交互性。

可视电话虽然有交互性，但我们仅仅能够听到声音，见到谈话人的形象，也不是多媒体。所谓多媒体，是指能够同时采集、处理、编辑、存储和展示两个或两个以上不同类型信息媒体的技术，这些信息媒体包括文字、声音、图形、图像、动画和活动影像等。

在日常生活中，被称为媒体的东西有许多，如蜜蜂是传播花粉的媒体、苍蝇是传播病菌的媒体。但准确地说，这些所谓的"媒体"是传播媒体，并非我们所说的多媒体中的"媒体"，因为这些传播媒体传播的都是某种物质实体，而文字、声音、图像、图形这些都不是物质实体，它们只是客观事物某种属性的表面特征，是一种信息表示方式。我们在计算机和通信领域所说的"媒体"，是信息存储、传播和表现的载体，并不是一般的媒介和媒质。

从概念上准确地说，多媒体中的"媒体"应该是指一种表达某种信息内容的形式，同理可以知道，我们所指的多媒体，应该是多种信息的表达方式或者多

种信息的类型，自然地，我们就可以用多媒体信息这个概念来表示包含文字信息、图形信息、图像信息和声音信息等不同信息类型的一种综合信息类型。

总之，由于信息最本质的概念是客观事物属性的表面特征，其表现方式是多种多样的，因此，较为准确而全面的多媒体定义，就应该是指多种信息类型的综合。这些媒体可以是图形、图像、声音、文字、视频、动画等信息表示形式，也可以是显示器、扬声器、电视机等信息的展示设备和传递信息的光纤、电缆、电磁波、计算机等中介媒质，还可以是存储信息的磁盘、光盘、磁带等存储实体。

DUOMEITI SHIJIE DE AOYOU

多媒体的特点 〉

多媒体技术有以下几个主要特点：

（1）集成性：能够对信息进行多通道统一获取、存储、组织与合成。

（2）控制性：多媒体技术是以计算机为中心，综合处理和控制多媒体信息，并按人的要求以多种媒体形式表现出来，同时作用于人的多种感官。

（3）交互：交互性是多媒体应用有别于传统信息交流媒体的主要特点之一。传统信息交流媒体只能单向地、被动地传播信息，而多媒体技术则可以实现人对信息的主动选择和控制。

（4）非线性：多媒体技术的非线性特点将改变人们传统循序性的读写模式。以往人们读写方式大都采用章、节、页的框架，循序渐进地获取知识，而多媒体技术将借助超文本链接的方法，把内容以一种更灵活、更具变化的方式呈现给读者。

10

（5）实时性：当用户给出操作命令时，相应的多媒体信息都能够得到实时控制。

（6）互动性：它可以形成人与机器、人与人及机器间的互动，互相交流的操作环境及身临其境的场景，人们根据需要进行控制。人机交流是多媒体最大的特点。

（7）信息使用的方便性：用户可以按照自己的需要、兴趣、任务要求、偏爱和认知特点来使用信息，选取图、文、声等信息表现形式。

（8）信息结构的动态性："多媒体是一部永远读不完的书"，用户可以按照自己的目的和认知特征重新组织信息，增加、删除或修改节点，重新建立链。

多媒体的关键技术 >

　　由于多媒体系统需要将不同的媒体数据表示成统一的结构码流,然后对其进行变换、重组和分析处理,以进行进一步的存储、传送、输出和交互控制。所以,多媒体的传统关键技术主要集中在以下4类中:数据压缩技术、大规模集成电路(VLSI)制造技术、大容量的光盘存储器(CD-ROM)、实时多任务操作系统。因为这些技术取得了突破性的进展,多媒体技术才得以迅速的发展,而成为像今天这样具有强大的处理声音、文字、图像等媒体信息能力的高科技技术。但说到当前要用于互联网络的多媒体关键技术,有些专家认为可以按层次分为媒体处理与编码技术、多媒体系统技术、多媒体信息组织与管理技术、多媒体通信网络技术、多媒体人机接口与虚拟现实技术,以及多媒体应用技术这6个方面。而且还应该包括多媒体同步技术、多媒体操作系统技术、多媒体中间件技术、多媒体交换技术、多媒体数

据库技术、超媒体技术、基于内容检索技术、多媒体会议系统技术、多媒体视频点播与交互电视技术、虚拟实景空间技术等等。

DUOMEITI SHIJIE DE AOYOU

多媒体的组成部分 ＞

一般的多媒体系统由如下4个部分组成：

多媒体硬件系统、多媒体操作系统、媒体处理系统工具和用户应用软件。

★ 多媒体硬件系统：包括计算机硬件、声音/视频处理器、多种媒体输入/输出设备及信号转换装置、通信传输设备及接口装置等。其中，最重要的是根据多媒体技术标准而研制生成的多媒体信息处理芯片和板卡、光盘驱动器等。

★ 多媒体操作系统：或称为多媒体核心系统，具有实时任务调度、多媒体数据转换和同步控制，对多媒体设备的驱动和控制，以及图形用户界面管理等。

★ 媒体处理系统工具：或称为多媒体系统开发工具软件，是多媒体系统的重要组成部分。

★ 用户应用软件：根据多媒体系统终端用户要求而定制的应用软件或面向某一领域的用户应用软件系统，它是面向大规模用户的系统产品。

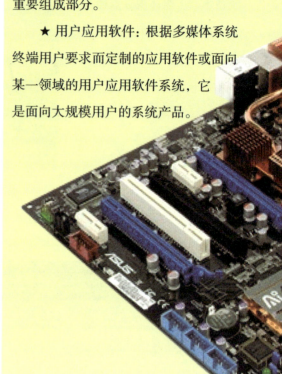

多媒体的应用层面 〉

到目前为止，多媒体的应用领域已涉足诸如广告、艺术、教育、娱乐、工程、医药、商业及科学研究等领域。利用多媒体网页，商家可以将广告变成有声有

画的形式，在更吸引用家之余，也能够在同一时间内向准买家提供更多的商品消息，但下载时间太长，是采用多媒体制作广告的一大缺点。

利用多媒体作教学用途，除了可以增加自学过程的互动性，可以更吸引学生提升学习兴趣以及利用视觉、听觉及触觉三方面的反馈来增强学生对知识的吸收。

多媒体技术是一种迅速发展的综合性电子信息技术，它给传统的计算机系统、音频和视频设备带来了方向性的变革，将对大众传媒产生深远的影响。多媒体计算机将加速计算机进入家庭和社会各个方面的进程，给人们的工作、生活和娱乐带来深刻的革命。

多媒体还可以应用于数字图书馆、数字博物馆等领域。此外，交通等领域也可使用多媒体技术进行相关监控。

多媒体的软件〉

photoshop —

illustrator —

authorware —

　　多媒体计算机的操作系统必须在原基础上扩充多媒体资源管理与信息处理的功能。

　　多媒体编辑工具包括字处理软件、绘图软件、图像处理软件、动画制作软件、声音编辑软件以及视频编辑软件。

 —— flash

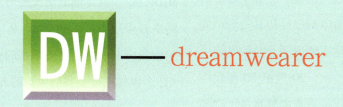 —— dreamwearer

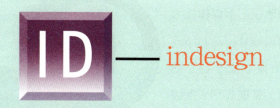 —— indesign

多媒体应用软件的创作工具用来帮助应用开发人员提高开发工作效率，它们大体上都是一些应用程序生成器，它将各种媒体素材按照超文本节点和链结构的形式进行组织，形成多媒体应用系统。Authorware、Director、Multimedia ToolBook 等都是比较有名的多媒体创作工具。

多媒体的发展历史

多媒体技术初露端倪肯定是 X86 时代的事情，如果真的要从硬件上来印证多媒体技术全面发展时间的话，准确地说应该是在 PC 上第一块声卡出现后。早在没有声卡之前，显卡就已经出现了，至少显示芯片已经出现了。显示芯片的出现自然标志着电脑已经初具处理图像的能力，但是这不能说明当时的电脑可以发展多媒体技术，20 世纪 80 年代声卡的出现，不仅标志着电脑具备了音频处理能力，也标志着电脑的发展终于开始进入了一个崭新的阶段：多媒体技术发展阶段。1988 年 MPEG(Moving Picture Expert Group，运动图像专家小组）的建立又对多媒体技术的发展起到了推波助澜的作用。进入 90 年代，随着硬件技术的提高，多媒体时代终于到来。

自 80 年代之后，多媒体技术发展之快可谓是让人惊叹。不过，无论在技术上多么复杂，在发展上多么混乱，似乎有两条主线可循：一条是视频技术的发展，一条是音频技术的发展。从 AVI 出现开始，视频技术进入蓬勃发展时期。这个时期内的三次高潮分别是 AVI、Stream（流格式）以及 MPEG。AVI 的出现无异于为计算机视频存储奠定了一个标准，而 Stream 使得网络传播视频成为了非常轻松的事情，那 MPEG 则是将计算机视频应用进行了最大化的普及。而音频技术的发展大致经历了两个阶段，一个是以单机为主的 WAV 和 MIDI，一个就是随后出现的形形色色的网络音乐压缩技术的发展。从 PC 喇叭到创新声卡，再到目前丰富的多媒体应用，多媒体正改变我们生活的方方面面。

多媒体的发展趋势 〉

　　未来对多媒体的研究，主要有以下几个研究方面：数据压缩、多媒体信息特性与建模、多媒体信息的组织与管理、多媒体信息表现与交互、多媒体通信与分布处理、多媒体的软硬件平台、虚拟现实技术、多媒体应用开发。展望未来，网络和计算机技术相交融的交互式多媒体将成为 21 世纪多媒体的发展方向。所谓交互式多媒体是指不仅可以从网络上接受信息、选择信息，还可以发送信息，其信息是以多媒体的形式传输。利用这一技术，人们能够在家里购物、点播自己喜欢的电视节目。21 世纪的交互式多媒体技术的实现将以电视或者以个人计算机为基础，究竟谁将主宰未来的市场还很难说。

　　多媒体的未来是激动人心的，我们生活中数字信息的数量在今后几十年中将急剧增加，质量上也将大大地改善。多媒体正在迅速地、以意想不到的方式进入人们生活的多个方面，大的趋势是各个方面都将朝着当今新技术综合的方向发展，这其中包括：大容量光碟存储器、国际互联网和交互电视。这个综合正是一场广泛革命的核心，它不仅影响信息的包装方式和我们如何运用这些信息，而且将改变我们互相通信的方式。现在，多媒体如我们新技术所展示的那样，正在成为便携个人多媒体。

● 生活中的高科技

多媒体技术是利用计算机对文本、图形、图像、声音、动画、视频等多种信息综合处理、建立逻辑关系和人机交互作用的技术。真正的多媒体技术所涉及的对象是计算机技术的产物，而其他的单纯事物，如电视、音响等，均不属于多媒体技术的范畴。

多媒体技术应用的意义 〉

·使计算机可以处理人类生活中最直接、最普遍的信息，从而使得计算机应用领域及功能得到了极大的扩展。

·使计算机系统的人机交互界面和手段更加友好和方便，非专业人员可以方便地使用和操作计算机。

·多媒体技术使音像技术、计算机技术和通信技术三大信息处理技术紧密地结合起来，为信息处理技术发展奠定了新的基石。多媒体技术发展已经有多年的历史了，到目前为止，声音、视图像压缩方面的基础技术已逐步成熟，并形成了产品进入市场，现在热门的技术如模式识别、MPEG压缩技术、虚拟现实技术正在逐步走向成熟，相信不久也会进入市场。

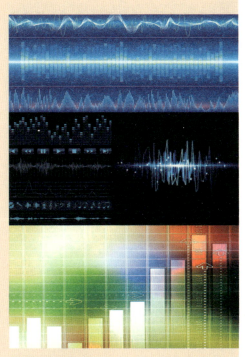

多媒体技术 〉

多媒体技术涉及面相当广泛，主要包括：

● 音频技术：音频采样、压缩、合成及处理、语音识别等。

● 视频技术：视频数字化及处理。

● 图像技术：图像处理、图像、图形动态生成。

● 图像压缩技术：图像压缩、动态视频压缩。

● 通信技术：语音、视频、图像的传输。

● 标准化：多媒体标准化。

多媒体技术涉及的内容：

多媒体数据压缩：多模态转换、压缩编码；

多媒体处理：音频信息处理，如音乐合成、语音识别、文字与语音相互转换；图像处理、虚拟现实；

多媒体数据存储：多媒体数据库；

多媒体数据检索：基于内容的图像检索、视频检索；

多媒体著作工具：多媒体同步、超媒体和超文本；

多媒体通信与分布式多媒体：CSC-W、会议系统、VOD和系统设计；

多媒体专用设备技术：多媒体专用芯片技术、多媒体专用输入输出技术；

多媒体应用技术：CAI与远程教学、GIS与数字地球、多媒体远程监控等。

主要多媒体技术的发展状况 >

·音频技术

音频技术发展较早，几年前一些技术已经成熟并产品化，甚至进入了家庭，如数字音响。音频技术主要包括 4 个方面：音频数字化、语音处理、语音合成及语音识别。

音频数字化是目前较为成熟的技术，多媒体声卡就是采用此技术而设计的，数字音响也是采用了此技术取代传统的模拟方式而达到了理想的音响效果。音频采样包括两个重要的参数即采样频率和采样数据位数。采样频率即对声音每秒钟采样的次数，人耳听觉上限在 20KHz 左右，目前常用的采样频率为 11KHz、22KHz 和 44KHz 几种。采样频率越高音质越好、存贮数据量越大。CD 唱片采样频率为 44.1KHz，达到了目前最好的听觉效果。采样数据位数即每个采样点的数据表示范围，目前常用的有8位、12位和16位三种。不同的采样数据位数决定了不同的音质，采样位数越高，存贮数据量越大，音质也越好。CD 唱片采用了双声道 16 位采样，采样频率为 44.1KHz，因而达到了专业级水平。

音频处理包括范围较广，但主要方面集中在音频压缩上，目前最新 MPEG 语音压缩算法可将声音压缩 6 倍。语音合成是指将文字合成为语言播放，目前国外几种主要语音的合成水平均已到实用阶段，汉语合成几年来也有突飞猛进的发展，实验系统正在运行。在音频技术中难度最大、最吸引人的技术当属语音识别，虽然目前只是处于实验研究阶段，但是广阔的应用前景使之一直成为研究关注的热点之一。

·视频技术

虽然视频技术发展的时间较短，但是产品应用范围已经很大，与MPEG压缩技术结合的产品已开始进入家庭。视频技术包括视频数字化和视频编码技术两个方面。

视频数字化是将模拟视频信号经模数转换和彩色空间变换转为计算机可处理的数字信号，使得计算机可以显示和处理视频信号。目前采样格式有两种：Y：U：V4：1：1和Y：U：V4：2：2，前者是早期产品采用的主要格式，Y：U：V4：2：2格式使得色度信号采样增加了1倍，视频数字化后的色彩、清晰度及稳定性有了明显的改善，是下一代产品的发展方向。

视频编码技术是将数字化的视频信号经过编码成为电视信号，从而可以录制到录像带中或在电视上播放。对于不同的应用环境有不同的技术可以采用。从低档的游戏机到电视台广播级的编码技术都已成熟。

· 图像压缩技术

图像压缩一直是技术热点之一，它的潜在价值相当大，是计算机处理图像和视频以及网络传输的重要基础，目前ISO 制订了两个压缩标准即 JPEG 和MPEG。JPEG 是静态图像的压缩标准，适用于连续色调彩色或灰度图像。它包括两部分：一是基于 DPCM（ 空间线性预测 ）技术的无失真编码，一是基于DCT（ 离散余弦变换 ）和哈夫曼编码的有失真算法。前者图像压缩无失真，但是压缩比很小，目前主要应用的是后一种算法，图像有损失但压缩比很大，压缩20 倍左右时基本看不出失真。

MJPEG 是指 MotionJPEG，即按照 25 帧 / 秒速度使用 JPEG 算法压缩视频信号，完成动态视频的压缩。

MPEG 算法是适用于动态视频的压缩算法 ，它除了对单幅图像进行编码

以外，还利用图像序列中的相关原则，将帧间的冗余去掉，这样大大提高了图像的压缩比例。通常保持较高的图像质量而压缩比高达 100 倍。MPEG 算法的缺点是压缩算法复杂，实现很困难。

多媒体技术对生活的影响 >

多媒体的含义是，把电视式的视听信息传播能力与计算机交互控制功能结合起来，创造出集文、图、声、像于一体的新型信息处理模型，使计算机具有数字化、全动态、全视频的播放、编辑和创作多媒体信息功能，具有控制和传输多媒体电子邮件、电视会议等视频传输功能，使计算机的标准化和实用化则是这场新技术革命的重大课题。数字声、像数据的使用与高速传输已成为一个国家技术水平和经济实力的象征。

世界很大，但也很小，这说得确实

没错，多媒体技术可以使人们跨越时空了解天文地理、古往今来的历史文化、高新技术、风土人情。上至国家政府，下至平民百姓，每天无不在和多媒体技

术打交道。人们的生活水平提高了，从多媒体的发展也可以看出来。通讯、数字声像技术、网络电视、3G、MP4、MP5等等，这些都体现了人类的文明进步。

多媒体的基本要素 〉

多媒体包括文本、图形、静态图像、声音、动画、视频剪辑等基本要素。进行多媒体教学课件设计，也就是从这些要素的作用、特性出发，在教育学、心理学等原理的指导下，充分构思、组织多媒体要素，发挥各种媒体要素的长处，为不同学习类型的学习者提供不同的学习媒体信息，从多种媒体渠道向学习者传递教育、教学信息。

DUOMEITI SHIJIE DE AOYOU

·文本

（1）文本的作用

多媒体教学课件可以通过文本向学生显示一定的教学信息，在学生用多媒体进行自主学习遇到困难时也可以提供一定的帮助、指导信息，使学生的学习顺利进行下去，一些功能齐备的教学软件还能根据学生的学习结果和从学生一方获得的反馈信息向学生提供一定的学习评价信息和相应指导信息。另外，大部分教学软件都会用文本的方式提供一定的使用帮助和导航信息，增强了软件的友好性和易操作性，软件的使用人员不用经过专门的培训就能根据屏幕上的帮助、导航信息使用操作学习软件。最后，在一些教学软件中，教学软件能从学习者身上获得一定的反馈信息，实现信息提供者和接收者之间信息的双向流动，加强了学习过程的反馈程度。

（2）文本信息的特点

计算机屏幕上的文本信息可以反复阅读，从容理解，不受时间、空间的限制，但是，在阅读屏幕上显示的文本信息，特别是信息量较大时容易引起视觉疲劳，使学习者产生厌倦情绪。另外，文本信息具有一定的抽象性，阅读者在阅读时，必须进行"译码"工作，即抽象的文字还原为相应事物，这就要求多媒体教学软件使用者有一定的抽象思维能力和想象能力，不同的阅读者对所阅读的文本的理解也不完全相同。

（3）文本的开发与设计

①普通文本的开发。开发普通文本的方法一般有两种，如果文本量较大，可以用专用的字处理程序来输入加工，如：Mi-crosoft Word、Word Pad等；如果文字不多，用多媒体创作软件自身的字符编辑器就足够了。

②图形文字的开发。Microsoft Office办公软件提供了艺术工具Microsoft Word Art，用Word或Microsoft等软件中插入对象的方法，可以制作丰富多彩、效果各异的效果字；用PhotoShop这一类的图形像处理软件同样能制作图形文字。

③动态文字的开发。在多媒体教学软件中，经常用一些有一定变化的动态文字来吸引学生的注意力，开发这些动态文字的软件很多，方法也很多。首先，一般的多媒体创作软件提供了较为丰富的字符出现效果，像PowerPoint、Authorware等创作软件中都有溶解、从左边飞入、百页窗等多种效果；其次也可以用动画制作软件来制作文字动画，像Cool3D这样的软件在制作文字动画时就非常简单方便。

（4）文本的格式与视觉诱导

多媒体中的文本为学习者提供了大量的教学信息，学习者可以通过阅读文本获得大量的教学信息。设计多媒体文本时，给文本以丰富的格式，引导学习者的注意力。文本的格式有以下几种：

① 段落对齐和左右缩进。多媒体中的段落对齐主要有左对齐、居中、右对齐、两端对齐等，通过不同的对齐方式，多媒体教学软件的开发人员就能方便地控制文本在页面中的左右位置，另外，开

游戏导入
风景动画
故事片段
作业欣赏
作画过程
比赛规则

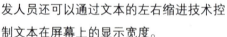

发人员还可以通过文本的左右缩进技术控制文本在屏幕上的显示宽度。

　　② 字体、字号、风格及颜色。一般的字处理软件和多媒体创作软件都提供字符的字体、字号、风格（下划线、斜体、粗体等）及颜色的支持，利用这些不同的字符效果就能突出显示教学信息中的重点和难点，吸引学生的注意力。

　　③ 多行文本及其滚动。

　　④ 线性文本与非线性文本及超文本。用超文本技术开发的多媒体教学软件更接近学习者联想的特点，更符合学习者的身心特点，十分方便信息的查询与检索，在多媒体应用中具有很大的潜力。但是，超文本的开发所花的工作量远远超过线性文本的开发，从开发超文本所需的技术要求来讲，用一般的程序设计语言或字处理程序是很难做到的，要做到超文本的随意跳转，最好用面向对象的程序设计语言或专用的多媒体创作工具，如：Visual Basic、Visual C++、PowerPoint、Authorware、Director、Tool Book等。

（5）多媒体文本开发应注意的问题：

在开发多媒体系统中的文本时，应注意使用合适的字体，一是在新的应用环境中安装这些字体，二是在多媒体系统中嵌入所用的字体。另一种方法就是如果开发的文字是标题，那就把文字制作成图片文件，再插入到多媒体应用系统中。

· 图片

　　这里的图片指的是静态的图形图像。不同的学习者有不同的学习习惯，有些学习者擅于从文字的阅读过程中获取教学信息，而有些学习者则喜欢从图形图像的观察、辨别中发现事物的本质，多媒体教学软件中的图形图像就为这类的学习者提供了教学信息。另外，与教学内容相关的图形图像在降低教学内容抽象层次方面同样起着不可忽视的作用。

（1）图片的作用

　　①传递教学信息。图形、图像都是非文本信息，在多媒体教学软件中可以传递一些用语言难以描述的教学内容，提供较为直观、形象的教学。

　　②美化界面、渲染气氛。无论是单机多媒体教学软件，还是网络多媒体教学软件，如果没有图片的美化，那样的软件简直称不上是多媒体软件，用合适的图形或图像作软件的背景图或装饰图，这样就提高了软件的艺术性，美化了操作界面，给人一定的美的享受。

　　③用作导航标志。在多媒体教学软件中经常用一些小的图形符号和图片作为导航标志，教学软件的使用者用鼠标单击这些导航标志，从一个页面跳到另一个页面，任意选择自己想要了解的教学内容，从而在教学软件中任意漫游，不会迷路（在多媒体系统中找不到想要的信息）。

（2）图片信息的特点

　　与文本信息相比，图片信息一般比较直观，抽象程度较低，阅读容易，而且图片信息不受宏观和微观、时间和空间的限制，在大到天体，小到细菌，上到原始社会，下到未来，这些内容都可用图片来表现。

（3）图片文件的类型

图片包括图形和图像两种。图形指的是从点、线、面到三维空间的黑白或彩色几何图，也称矢量图。一般所说的图像不是指动态图像，而指的是静态图像，静态图像是一个矩阵，其元素代表空间的一个点，称之为像素点（Pixel），这种图像也称位图。

位图中的位用来定义图中每个像素点的颜色和高度。对于黑白线条图常用 1 位值表示，对灰度图常用 4 位（16 种灰度等级）或 8 位（256 种灰度等级）表示该点的高度，而彩色图像则有多种描述方法。位图图像适合表现层次和色彩比较丰富、包含大量细节的图像。彩色图像需要由硬件（显示卡）合成显示。

位图

矢量图

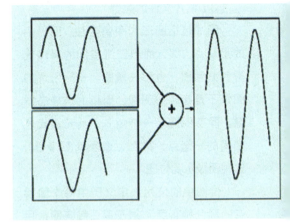

· 多媒体的声音

　　多媒体涉及多方面的音频处理技术，如：音频采集、语音编码/解码、文一语转换、音乐合成、语音识别与理解、音频数据传输、音频一视频同步、音频效果与编辑等。其中数字音频是个关键的概念，它指的是一个用来表示声音强弱的数据序列，它是由模拟声音经采样（即每隔一定时间间隔在模拟声音波形上取一个幅度值）量化和编码（即把声音数据写成计算机的数据格式）后得到的。计算机数字CD、数字磁带中存储的都是数字声音。模拟一数字转换器把模拟声音变成数字声音；数字一模拟转换器可以恢复出模拟的声音。

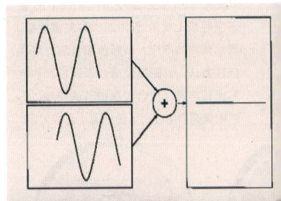

　　一般来讲，实现计算机语音输出有两种方法：一是录音/重放，二是文一语转换。第二种方法是基于声音合成技术的一种声音产生技术，它可用于语音合成和音乐合成。而第一种方法是最简单的音乐合成方法，曾相继产生了应用调频音乐合成技术。

• 多媒体的视频（动画）

动态图像的组成

动态图像，包括动画和视频信息，是连续渐变的静态图像或图形序列，沿时间轴顺次更换显示，从而构成动感视感的媒体。当序列中每帧图像是由人工或计算机产生的图像时，我们常称作动画；当序列中每帧图像是通过实时摄取自然景象或活动对象时，我们常称为影

像视频或简称为视频。动态图像演示常常与声音媒体配合进行，二者的共同基础是时间连续性。一般意义上谈到视频时，往往也包含声音媒体。但在这里，视频（动画）特指不包含声音媒体的动态图像。

动画的定义

什么是动画？所谓动画，就是通过以每秒15到20帧的速度（相当接近于全运动视频帧速）顺序地播放静止图像帧以产生运动的错觉。因为眼睛能足够长时间地保留图像以允许大脑以连续的序列把帧连接起来，所以能够产生运动的错觉。我们可以通过在显示时改变图像来生成简单的动画。最简单的方法是在两个不同帧之间的反复。这种方法对于指示"是"或"不是"的情况来说是很好的解决方法。另一种制作动画的方法是以循环的形式播放几个图像帧以生成旋转的效果，并且可以依靠计算时间来获得较好的回放，或用记时器来控制动画。

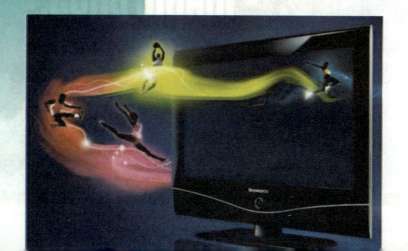

多媒体技术的应用

近年来，多媒体技术得到迅速发展，多媒体系统的应用更以极强的渗透力进入人类生活的各个领域，如游戏、教育、档案、图书、娱乐、艺术、股票债券、金融交易、建筑设计、家庭、通讯等等。其中，运用最多、最广泛也最早的就是电子游戏，千万青少年甚至成年人为之着迷，可见多媒体的威力。大商场、邮局里电子导购触摸屏也是一例，它的出现极大地方便了人们的生活。近年来又出现了教学类多媒体产品，一对一专业级的教授，使莘莘学子受益匪浅。正因为如此，许多有眼光的企业看到了这一形式，纷纷运用其做企业宣传，甚至运用其交互能力加入了电子商务、自助式维护，教授使用的功能，方便了客户，促进了销售，提升了企业形象，扩展了商机，在销售和形象两方面都获益。

可以这样说，凡是有进取心的企业，都离不开最新的高技术产品。首先多媒体的运用领域十分广泛，注定了它可在各行各业生根开花。其二，随着计算机的普及，新一代在计算机环境中成长起来的年轻人，已经习惯了这一形式，作为一个有发展眼光的企业，是不会放弃这一未来的消费主体的。其三，由于多媒体信息技术在国外已经非常普及，面对日益国际化的市场，只有跟上国际潮流才能不被淘汰。

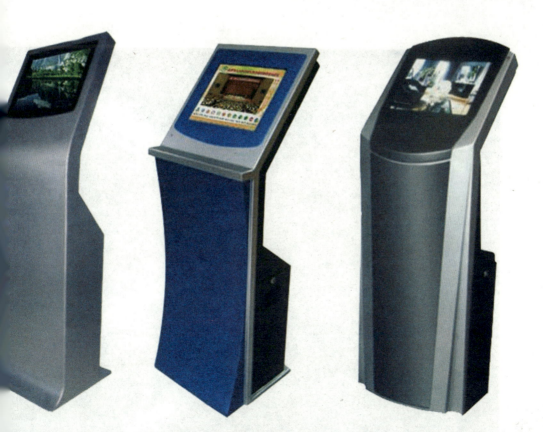

多媒体技术应用领域 〉

1. 教育(形象教学、模拟展示)：电子教案、形象教学、模拟交互过程、网络多媒体教学、仿真工艺过程。

2. 商业广告(特技合成、大型演示)：影视商业广告、公共招贴广告、大型显示屏广告、平面印刷广告。

3. 影视娱乐业(电影特技、变形效果)：电视/电影/卡通混编特技、演艺界MTV 特技制作、三维成像模拟特技、仿真游戏、赌博游戏。

4. 医疗（远程诊断、远程手术）：网络多媒体技术、网络远程诊断、网络远程操作（手术）。

5. 旅游（景点介绍）：风光重现、风土人情介绍、服务项目。

6. 人工智能模拟（生物、人类智能模拟）：生物形态模拟、生物智能模拟、人类行为智能模拟。

7. 办公自动化。

8. 通信。例如视频会议技术。

9. 创作。例如再创作一个《馒头血案》。

10. 展示空间中的运用。

多媒体技术应用领域集文字、声音、图像、视频、通信等多项技术于一体,采用计算机的数字记录和传输传送方式,对各种媒体进行处理,具有广泛的用途,甚至可代替目前的各种家用电器,集计算机、电视机、录音机、录像机、VCD机、DVD机、电话机、传真机等各种电器为一体。多媒体技术是一个涉及面极广的综合技术是开放性的没有最后界限的技术。多媒体技术的研究涉及计算机硬件、计算机软件、计算机网络、人工智能、电子出版等,其产业涉及电子工业、计算机工业、广播电视、出版业和通讯业等。多媒体技术用途广泛,可用于:企业宣传—商业演示光盘;教学培训—教学培训光盘;产品使用说明—技术资料光盘;软件系统放在触摸一体机中可用于商场导购、展会导览、信息查询等用途。

　　所以，多媒体手段往往被广泛用于
教育、广告等宣传领域。是企业宣传，
产品推广的利器，它的主要载体是
CD-ROM 光盘、多媒体触摸屏、宽带
网站等。

多媒体应用现状 〉

多媒体技术的开发和应用，使人类社会工作和生活的方方面面都沐浴着它所带来的阳光，新技术所带来的新感觉、新体验是以往任何时候都无法想象的。

·数据压缩、图像处理的应用

多媒体计算机技术是面向三维图形、环绕立体声和彩色全屏幕运动画面的处理技术。而数字计算机面临的是数值、文字、语言、音乐、图形、动画、图像、视频等多种媒体的问题，它承载着由模拟量转化成数字量信息的吞吐、存储和传输。数字化了的视频和音频信号的数量之大是非常惊人的，它给存储器的存储容量、通信干线的信道传输率以及计算机的速度都增加了极大的压力，解决这一问题，单纯用扩大存储器容量、增加通信干线的传输率的办法是不现实

的。数据压缩技术为图像、视频和音频信号的压缩，文件存储和分布式利用，提高通信干线的传输效率等应用提供了一个行之有效的方法，同时使计算机实时处理音频、视频信息，以保证播放出高质量的视频、音频节目成为可能。国际标准化协会、国际电子学委员会、国际电信协会等国际组织，于20世纪90年代领导制定了3个重要的有关视频图像压缩编码的国际标准：JPEG标准、H.261标准、MPEG标准。

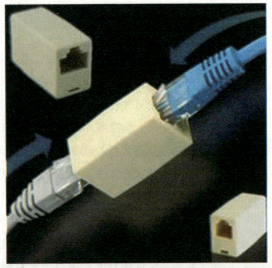

·多媒体演示和教育

如今，越来越多的声像信息以数字形式存储和传输，这为人们更灵活地使用这些信息提供了可能性。但随之而来的问题是，随着网络上信息爆炸性的增长，获取到我们感兴趣的信息的难度越来越大。传统的基于关键字或文件名的检索方法显然不适于数据量庞大、又不具有天然结构特征的声像数据，因此近些年来多媒体研究的一个热点是声像数据的基于内容的检索，例如"从这段新闻片中找出有首相、总统的镜头"这种形式的检索。实现这种基于内容检索的一个关键性的步骤是要定义一种描述声像信息内容的格式，而这与声像信息的存储形式（编码）又是密切相关的。国际标准化组织运动图像专家组注意到了这方面的需求和潜在的应用市场，在推出影响极大的 MPEG—1、MPEG-2 之后，尚未完成 MPEG-4 的最后定稿，便开始着手制定专门支持多媒体信息基于内容检索的编码方案：MPEG-7。

MPEG-7 作为 MPEG 家族中的新成员，正式名称叫作"多媒体内容描述接口"，它将为各种类型的多媒体信息规定一种标准化的描述，这种描述与多媒体信息的内容本身一起，支持用户对其感兴趣的各种"资料"的快速、有效的检索。

·音频信息处理的应用

在多媒体技术中，存储声音信息的文件格式主要有：WAV文件、VOC文件、MIDI文件、AIF文件、SON文件及RMI文件等。

1.音频信息录制与编辑

把音乐和语音加到多媒体应用中，是我们研究音频处理技术的目的，下面是我们常用的音频信息录制编辑软件。

Wave Edit工具的REC命令；Sound Blaster卡的VEdit2软件；Microsoft Sound System卡的Quick Recorder软件；Cooledit软件；Wave Edit工具；Creative Wave Studio。

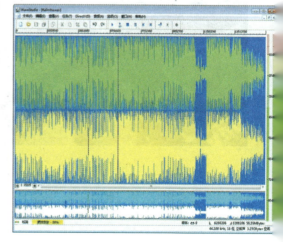

MPEG-4

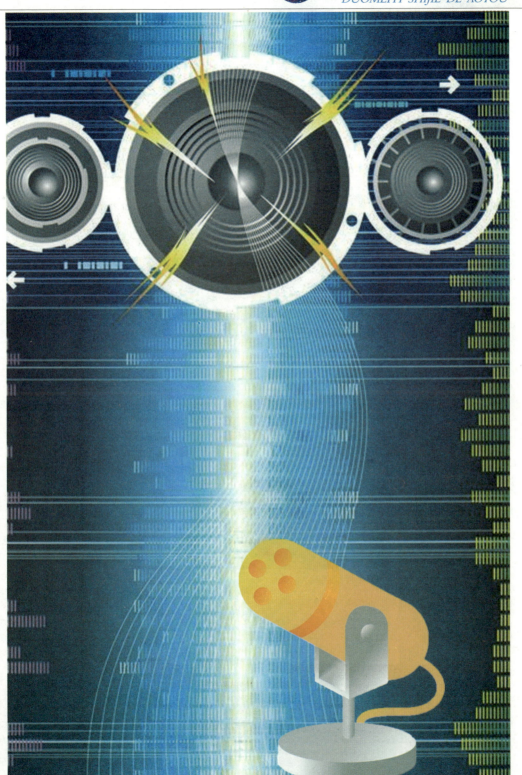

2. 语音识别

语音的识别一直是人们的美好梦想，让计算机听懂人说话是发展人机语音通信和新一代智能计算机的主要目标。随着计算机的普及，越来越多的人在使用计算机，如何给不熟悉计算机的人提供一个友好的人机交互手段，是人们感兴趣的问题，而语音识别技术就是其中最自然的一种交流手段。

自从20世纪80年代中期以来，新技术的不断出现使语音识别有了实质性的进展。特别是隐马尔可夫模型(HMM)的研究和广泛应用，推动了语音识别的迅速发展，陆续出现了许多基于HMM模型的语音识别软件系统。

当前，语音识别领域的研究方兴未艾。在这方面的新算法、新思想和新的应用系统不断涌现。同时，语音识别领域也正处在一个非常关键的时期，世界各国的研究人员正在向语音识别的最高层次应用——非特定人、大词汇量、连续语音的听写机系统的研究和实用化系统进行冲刺，可以乐观地说，人们所期望的语音识别技术实用化的梦想很快就会变成现实。

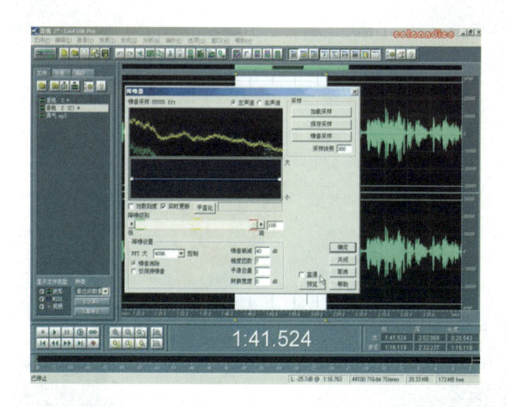

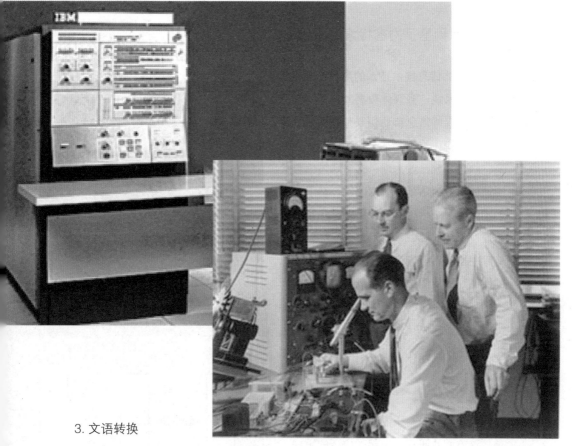

3. 文语转换

世界上已研制出汉、英、日、法、德等语种的文语转换系统，并在许多领域得到了广泛应用。

DEC Talk 文语转换系统：这是 DEC 公司在 MIT 的 Klatt 教授研制的语音合成器的基础上开发的语音生成系统，用于英语文语转换。

AT&T Bell 文语转换系统：这是美国 AT&T 贝尔实验室研制的文语转换系统，它最初用于英语的文语转换，现在正扩展到其他语种。

Sonic文语转换系统：这是清华大学计算机系基于波形编辑的汉语文语转换系统。该系统利用汉语词库进行分词，并且根据语音学研究的成果建立了语音规则，对汉语中的某些常见语音现象进行了处理。系统采用PSOLA算法修改超音段语音特征，提高了言语输出的质量。

·数据库和基于内容检索的应用

多媒体信息检索技术的应用使多媒体信息检索系统、多媒体数据库、可视信息系统、多媒体信息自动获取和索引系统等应用逐渐变为现实。基于内容的图像检索、文本检索系统已成为近年来多媒体信息检索领域中最为活跃的研究课题，基于内容的图像检索是根据其可视特征，包括颜色、纹理、形状、位置、运动、大小等，从图像库中检索出与查询描述的图像内容相似的图像，利用图像可视特征索引，可以大大提高图像系统的检索能力。

随着多媒体技术的迅速普及，Web上将大量出现多媒体信息，例如，在遥感、医疗、安全、商业等部门中每天都不断产生大量的图像信息。这些信息的有效组织管理和检索都依赖基于图像内容的检索。目前，这方面的研究已引起了广泛的重视，并已有一些提供图像检索功能的多媒体检索系统软件问世。例如，由IBM公司开发的QBIC是最有代表性的系统，它通过友好的图形界面为用户提供了颜色、纹理、草图、形状等多种检索方法；美国加州大学伯克利分校与加州水资源部合作进行了Chabot计划，以便对水资源部的大量图像提供基于内容的有效检索手段。此外还有麻省理工学院的Photobook，可以利用Face、Shape、Texture、Photobook分别对人脸图像、工具和纹理进行基于内容的检

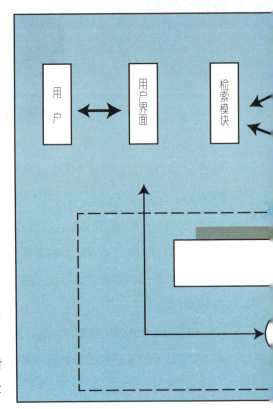

用户 ⟷ 用户界面 ← 检索模块

索，在Virage系统中又进一步发展了将多种检索特征相融合的手段。澳大利亚的New South Wales大学已开发了NUTTA-B系统，用于食品成分数据库的检索。清华大学计算机系结合国家863高技术研究发展项目"Web上基于内容的图像检索"的研究，于1997年研制了一个Internet上的静态图像的基于内容检索的原型系统。该项目的研究目标是开发能在Internet/Intra-net环境下，通过友好的人—机界面，以颜色、纹理等图像特征或样本图像检索图像的方法和工具。

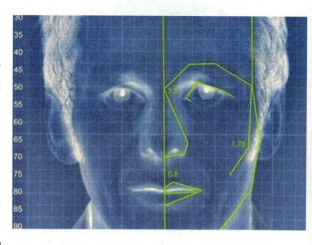

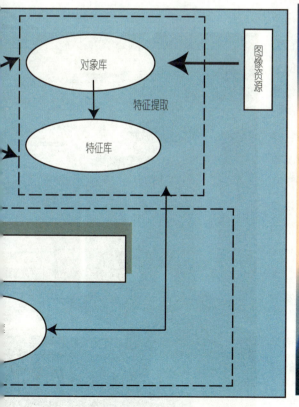

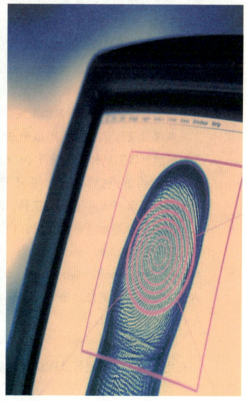

· 著作工具的应用

　　多媒体创作工具是电子出版物、多媒体应用系统的软件开发工具，它提供组织和编辑电子出版物和多媒体应用系统各种成分所需要的重要框架，包括图形、动画、声音和视频的剪辑。制作工具的用途是建立具有交互式的用户界面，在屏幕上演示电子出版物及制作好的多媒体应用系统以及将各种多媒体成分集成为一个完整而有内在联系的系统。

　　多媒体著作创作工具可以分成：基于时间的创作工具；基于图符 (Icon) 或流线 (Line) 的创作工具；基于卡片 (Card) 和页面 (Page) 的创作工具；以传统程序语言为基础的创作工具。它们的代表软件是 Action、Autherware、Icon Auther、Tool Book、Hypercard、北大方正开发的方正奥斯和清华大学开发的 Ark 创作系统。

　　在多媒体著作创作中，还必须借助一些用于文本、音视频及图像处理的软

件系统。对于不同的媒体素材，采用的软件也不同。用多媒体创作工具可以制作各种电子出版物及各种教材、参考书、导游图和地图、医药卫生、商业手册及游戏娱乐节目，主要包括多媒体应用系统；演示系统或信息查询系统；培训和教育系统；娱乐、视频动画及广告；专用多媒体应用系统；领导决策辅助系统；饭店信息查询系统；导游系统；歌舞厅点歌结算系统；商店导购系统；生产商业实时监测系统以及证券交易实时查询系统等。

· 通信及分布式多媒体技术的应用

人类社会逐渐进入信息化时代，社会分工越来越细，人际交往越来越频繁，群体性、交互性、分布性和协同性将成为人们生活方式和劳动方式的基本特征，其间大多数工作都需要群体的努力才能完成。但在现实生活中影响和阻碍上述工作方式的因素太多，如打电话时对方却不在。即使电话交流也只能通过声音，而很难看见一些重要的图纸资料，要面对面地交流讨论，又需要费时的长途旅行和昂贵的差旅费用，这种方式造成了效率低、费时长、开销大的缺点。今天，随着多媒体计算机技术和通信技术的发展，两者相结合形成的多媒体通信和分布式多媒体信息系统较好地解决了上述问题。

多媒体通信和分布式多媒体技术涉及：计算机支持的协同工作 (CSCW)、视频会议、视频点播 (VOD) 等。

1. 计算机支持的协同工作系统：

CSCW 系统具有非常广泛的应用领域，它可以应用到远程医疗诊断系统、远程教育系统、远程协同编著系统、远程协同设计制造系统以及军事应用中的指挥和协同训练系统等。

2. 多媒体会议系统：

它是一种实时的分布式多媒体软件应用的实例，它参与实时音频和视频这种现场感的连续媒体，可以点对点通信，也可以多点对多点的通信，而且还充分利用其他媒体信息，如图形标注、静态图像、文本等计算数据信息进行交流，对数字化的视频、音频及文本、数据等多媒体进行实时传输，利用计算机系统提供的良好的交互功能和管理功能，实现人与人之间的"面对面"的虚拟会议环境，它集计算机交互性、通信的分布性以及电视的真实性为一体，具有明显

的优越性，是一种快速高效、日益增长、广泛应用的新的通信业务。

3. VOD和交互电视(ITV)系统：

它是根据用户要求播放节目的视频点播系统，具有提供给单个用户对大范围的影片、视频节目、游戏、信息等进行几乎同时访问的能力。对于用户而言，只需配备相应的多媒体电脑终端或者一台电视机和机顶盒、一个视频点播遥控器，"想看什么就看什么，想什么时候看就什么时候看"，用户和被访问的资料之间高度的交互性使它区别于传统的视频节目的接收方式。它、综合了计算机技术、通信技术和电视技术的一门综个技术。

在这些VOD应用技术的支持和推动下，网络在线视频、在线音乐、网上直播为主要项目的网上休闲娱乐、新闻传播等服务得到了迅猛发展，各大电视台、广播媒体

音乐你的生活！

和娱乐业公司纷纷推出其网上节目，虽然目前由于网络带宽的限制，视频传输的效果还远不能达到人们所预期的满意程度，还是受到了越来越多的用户的青睐。VOD和交互电视 (ITV) 系统的应用，在某种意义上讲是视频信息技术领域的一场革命，具有巨大的潜在市场，具体应用在电影点播、远程购物、游戏、卡拉 OK 服务、点播新闻、远程教学、家庭银行服务等方面。

· 其他多媒体应用软件的应用现状

1. CAI及远程教育系统

根据一定的教学目标，在计算机上编制一系列的程序，设计和控制学习者的学习过程，使学习者通过使用该程序，完成学习任务，这一系列计算机程序称为教育多媒体软件或称为CAI(Computer Assist Instruction计算机辅助教学)。

网络远程教育模式依靠现代通信技术及多媒体技术的发展，大幅度地提高了教育传播的范围和时效，使教育传播不受时间、地点、国界和气候的影响。CAI 的应用，使学生真正打破了明显的校园界限，改变了传统的"课堂教学"的概念，突破时空的限制，接受来自不同国家、教师的指导，可获得除文本以外更丰富、直观的多媒体教学信息，共享教学资源，它可以按学习者的思维方式来组织教学内容，也可以由学习者自行控制和检测，

使传统的教学由单向转向双向，实现了远程教学中师生之间、学生与学生之间的交流。

2. 地理信息系统 (GIS)

地理信息系统 (GIS) 获取、处理、操作、应用地理空间信息，主要应用在测绘、资源环境等领域。与语音图像处理技术比较，地理信息系统技术的成熟相对较

晚，软件应用的专业程度相对也较高，随着计算机技术的发展，地理信息技术逐步形成为一门新兴产业。

除了大型GIS平台之外，设施管理、土地管理、城市规划、地籍测量的专业应用多媒体技术也层出不穷。

3. 多媒体监控技术

图像处理、声音处理、检索查询等多媒体技术综合应用到实时报警系统中，改善了原有的模拟报警系统，使监控系统更广泛地应用到工业生产、交通安全、银行保安、酒店管理等领域中。它能够及时发现异常情况，迅速报警，同时将报警信息存储到数据库中以备查询，并交互地综合图、文、声、动画多种媒体信息，使报警的表现形式更为生动、直观，人机界面更为友好。

多媒体技术在教育领域的应用

多媒体教学是指在教学过程中，根据教学目标和教学对象的特点，通过教学设计，合理选择和运用现代教学媒体，并与传统教学手段有机组合，共同参与教学全过程，以多种媒体信息作用于学生，形成合理的教学过程结构，达到最优化的教学效果。

多媒体教学的发展历程 ＞

多媒体教学其实古已有之，教师一直在借助文本、声音、图片来进行教学。但是在20世纪80年代开始出现采用多种电子媒体如幻灯、投影、录音、录像等综合运用于课堂教学，这种教学技术又称多媒体组合教学或电化教学，90年代起，随着计算机技术的迅速发展和普及，多媒体计算机已经逐步取代了以往的多种教学媒体的综合使用地位。因此，现在我们通常所说的多媒体教学是特指运用多媒体计算机并借助于预先制作的多媒体教学软件来开展的教学活动过程。它又可以称为计算机辅助教学（computer assisted instruction，即CAI）。

多媒体结构特点及功能 >

多媒体教学通常指的是计算机多媒体教学，是通过计算机实现的多种媒体组合，具有交互性、集成性、可控性等特点，它只是多种媒体中的一种。

多媒体教学的最新改革——免管理教学系统：

免管理多媒体教室控制系统是一套开放型、智能型、科学型多媒体教室建设方案。

系统设计符合数字化校园的总体构想，包括普通的数字信息、视音频信息、控制信息等，是校园现代教育技术数字化思想在多媒体教室系统中的完美延伸。

多媒体的教学 >

教学模式是指完成教学任务的教与学的一种范式，它包括教的模式和学的模式及有关的教学策略。

（1）课堂演播教学模式（课堂讲解教学模式）这种教学模式在课堂教学中主要有两种方式：教学呈现和模拟演示。

（2）个别化教学模式 个别化教学模式的多媒体课件一般包括：介绍部分、教学控制、激发动机、教学信息的呈现、问题的应答、应答的诊断、应答反馈及补救、结束。与个别化教学模式相对应的多媒体课件有两类：多媒体教材和教辅类电子读物。

（3）计算机模拟教学模式 所涉及的问题有：基本模型、模拟的呈现与表现问题、系统的反应及反馈。

（4）探索式教学模式 探索式教学模式一般由以下几个环节组成：确定问题、创设教学情境、探索学习、反馈、学习效果评价。制约因素主要有：漫游（W-andering）和迷向（Disorientation）。

DUOMEITI SHIJIE DE AOYOU

多媒体计算机教学软件系统：

（1）多媒体素材制作软件

文字处理：记事本、写字板、Word、WPS 图形图像处理：Photoshop、Corel Draw、Freehand

动画制作：Auto Desk Animator Pro、3DS MAX、Maya、Flash

声音处理：Ulead Media Studio、Sound Forge、Audition(Cool Edit)、Wave Edit

视频处理：Ulead Media Studio、Adobe Premiere、After Effects

（2）创作工具

编程语言：Visual Basic、Visual C++、Delphi

多媒体写作系统：Authorware、Director、Tool Book、Flash

（3）多媒体计算机教学软件

各种可用于课堂教学、辅导、演示的学课件。

多媒体的课件 ＞

多媒体课件开发组人员构成

（1）项目负责人

（2）学科教学专家

（3）教学设计专家

（4）软件工程师（系统结构设计专家）

（5）多媒体素材制作专家

（6）多媒体课件制作专家

多媒体教学的意义 〉

随着教学改革的不断深入，应试教育正在逐步向素质教育转轨，传统的教学手段已跟不上教育前进的步伐。现代多媒体技术以迷人的风采走进了校门，进入了课堂。实现教学手段的现代化已是课堂教学改革的当务之急，势在必行。只有充分发挥多媒体技术的优势进行课堂教学，才能实现课堂教学的最优化。利用多媒体技术优化课堂教学能够起到以下几方面的积极作用：

一、利用多媒体技术设置情境，可激发学习爱好，发挥学生的主体作用。

美国教育学家布鲁纳说："学习的最好刺激，乃是对所学材料的爱好"。我国教育家孔子也曾说过："知之者不如好之者，好之者不如乐之者"。爱好的力量是巨大的。作为教师要充分挖掘教材中的爱好因素和艺术魅力，而运用多媒体技术进行课堂教学可以充分调动起学生的求知欲望和学习爱好，发挥他们的主体作用，达到"寓教于乐"的目的。多媒体技术辅助教学能使学生看到图文并茂、视听一体的交互式集成信息，可以在多媒体课件中阅读教学内容，也可以从中听取与课堂教学相关联的声音信息，观看实验过程以及原理。这种新的信息形式改变了枯燥单一的教学模式，使学生

能够更加形象地理解信息，产生学习的爱好与乐趣，主动、及时地获取信息，激发表达欲望，从而形成师生互动，而不再是课堂教学的被动接受者。如在讲解"机械能的相互转化"这一章节时，利用Flash课件，使学生能够听到水流声，能够感受到气势磅礴的长江、黄河所产生的巨大能量带动水轮机转动而发电的情景，使没有见过大型水电站的学生也能熟悉到水电站的运转过程。通过这样的情境教学，不但让学生形象地理解了机械能的相互转化的水力发电原理，也让

学生很好地感受到保护水资源的重要性。可见，多媒体技术可以提供丰富多彩的声、光、电等各种信息，使得课堂变得绚丽多彩，大大优化了教学氛围，使师生之间的信息交流环境变得丰富而生动，学生置身于这样一个和谐的教学情境，学习爱好将得到极大的提高。使课堂教学的综合性、实践性、趣味性、应用性得到进一步加强，从而使学生学习获得事半功倍的效果。

二、利用多媒体技术发挥演示实验的作用，优化实验教学。

通过丰富多彩、有趣生动的实验，让学生分析、归纳概念及规律，从而提高教学效果。但由于受到实验仪器本身的限制，如可视性不强的实验，通过多媒体技术可模拟完成现实环境下难以操作的实验，可提高实验的演示效果。如：电流的形成、电磁感应、失重状态等，教师利用多媒体技术再现模拟，是教师用叙述、挂图等传统教学方式无法比拟的。

三、利用多媒体技术可控制教学节奏，提高教学效果。

利用多媒体技术可控制教学节奏，提高教学效果。教师可利用多媒体把全部学生答案迅速收集统计，及时分析教学效果，从而调整教学的节奏和进程，及时反馈，使教学的调控合理化，又进一步调动了学生学习的积极性和主动性，提高了课堂教学效率。

通过多媒体课件的演示可合理控制教学节奏，使教学过程能够按照预设的思路进行，全面提高了教学效果。

四、利用多媒体技术创设学习氛围可有效激发学生的求知欲望，培养学生的能力。

在教学中创设学习氛围，自古有之，但多以语言、动作、图片和简单的实物来烘托气氛，不能提供实际情境所具有的生动性、丰富性，能够创设生动、直观、形象的学习氛围，使教学直观化、模型化、动态化，有效地激发学生的求知欲望，从而培养学生的能力。例如"浮沉的条件及应用"的教学中，可以设计一个短片，配以和谐的音乐解说，有轮船、潜水艇上浮下沉、气球、飞艇等浮力应用于实际的画面，学生就会马上被吸引了。于是出现质疑题目，这些飞行物是怎样实现上浮和下沉的？学生讨论，适时出示本课学习目标，轻松引入新课，引导学生去探求新知，从而水到渠成。在这样的教学氛围中学生会有

更多的感受和启发，有效地丰富了学生的感性知识，提高了课堂的教学效果。

五、利用多媒体技术让学生"亲历"科学探索过程，激活创新意识。

在教学中让学生亲历实践、探索的过程，感受探索中的乐趣，激活创新意识。利用多媒体技术再现科学探究的经历，让学生"亲历"科学探究过程，感悟科学方法和思想，加深理解，发现规律，并从中体会到学习的价值，培养学生的科学探究能力和创新精神。例如：在

讲牛顿发现万有引力定律过程时，通过课件向学生展现牛顿非凡想象力的几个情景：牛顿坐在树下，发现苹果落地，思考为什么熟透的苹果会向地面落下，而不向上运动？肯定存在某种促使苹果落地的力；假如苹果树长得足够高，长到月球那样高，熟透的苹果仍然要落向地面。"为什么月球不会落地？"在地面上任何平抛运动的物体终要落地，月球不管以多大的速度运动最终都要"落地"；若地球变成圆球状呢？展现月球要落地的动态情景。牛顿非凡想象力给学生思维上的冲突，在爱好和好奇心的驱使下，深刻体会牛顿卫星原理图，同时坚信地球是个球状体，激活学生的探究意识。

六、利用多媒体技术与德育的无缝

融合，全面提高学生素质。

在课堂教学中，任何学科的教学都应自始至终贯穿德育教育。例如，随着教育改革的深入，课程理念的更新，传统的说教模式已不适应物理学科的德育渗透，应该加强知识性、趣味性的德育渗透方式，而多媒体在这方面显示出得天独厚的优势。多媒体技术生动、形象，感染力强，易于激发学生的学习爱好和内部动机，而且还寓德育教育于智育教育之中。比如，在有关火箭的教学中，运用多媒体技术将我国的航天事业的重大发展成果进行浏览，使学生能够潜移默化的受到爱国主义的教育；通过对内能的利用的多媒体技术演示，增强学生的环保意识。利用多媒体技术采用这些喜闻乐见的方法渗透在物理学科中可以说是对学校现行德育教育工作的一个强

有力的补充，且效果也是不言而喻的。

　　总之，现代多媒体技术以其强大的交互性、多感临境性和构想性应用于初中物理课堂，显示出传统语言教学无法比拟的优势，提高了学生学习物理的爱好、强化了学生注意力，有效地促进了物理教学改革，达到了提高课堂教学质量和教学效率的目的，提升了学生的整体素质，从而实现初中物理课堂教学的最优化。

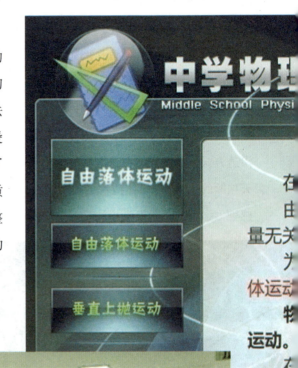

中学物理
Middle School Physi

自由落体运动

自由落体运动

垂直上抛运动

自由落体运动之前，首先复习一下<u>自由下落运动</u>。

意大利比萨斜塔实验得出的结论，物体的自由下落快慢与物体重

其所受的<u>重力加速度和空气阻力</u>有关。

上面这一结论，引申出了一种<u>理想化</u>的物体下落过程，即<u>自由落</u>

，是自由落体运动的定义：

把物体只在重力作用下，从静止开始下落的运动叫做自由落体

活中，物体自由下落不受空气阻力作用是不可能的，但如果空气

力而言比较小，可忽略不计，我们就可以把这种运动看成是自由

如：<u>铁片与金属小球</u>的自由下落运动等等。如果物体下落时所受

重力相比不能忽略，这种运动就不能看成是自由落体运动，如：

的自由下落等等。

本运动外，还有其他5种同样只在重力作用下的运动，包括<u>垂直上</u>

上抛运动、水平抛物运动、斜向下抛运动、<u>垂直下抛运动</u>等。

> **澳大利亚门尼·彭兹中心小学的多媒体教学实验**

实验班为六年级，有30名学生，教师名字叫安德莉亚，她要进行的教学内容是关于奥林匹克运动会。像往常一样，安德莉亚鼓励她的学生围绕教学内容拟定若干题目（例如奥运会的历史和澳大利亚在历次奥运会中的成绩等问题），确定多媒体在解决这些问题的过程中所起的作用，并要求学生用多媒体形式直观、形象地把自己选定的问题表现出来。经过一段时间在图书馆和Internet网上查阅资料以后，米彻尔和沙拉两位小朋友合作制作了一个关于奥运会历史的多媒体演示软件。在这个软件向全班同学播放以前，教师提醒大家注意观察和分析软件表现的内容及其特点，播放后立即进行讨论。一位学生说，从奥运会举办的时间轴线，他注意到奥运会是每4年召开一次。另一位学生则提出不同的看法，他认为并不总是这样，例如1904年、1906年和1908年这几次是每两年举行一次。还有一些学生则注意到在时间轴线的1916、1940和1944这几个年份没有举行奥运会，这时教师提出问题："为什么这些年份没有举办奥运会？"有的学生回答，可能是这些年份发生了一些重大事情，有的学生则回答发生了战争，有的则更确切地指出1916年停办是由于第一次世界大战，1940和1944年停办是由于第二次世界大战。经过大家的讨论和协商，决定对米彻尔和沙拉开发的多媒体软件作两点补充：①说明第一、二次世界大战对举办奥运会的影响；②对奥运历史初期的几次过渡性（两年一次）奥运会作出特别的解释。这时候

有位小朋友提出要把希特勒的照片通过扫描放到时间轴上的1940年这点上，以说明是他发动了二次大战。教师询问全班其他同学："有无不同意见？"沙拉举起手，高声回答说："我不同意用希特勒照片，我们应当使用一张能真实反映二次大战给人民带来巨大灾难（例如大规模轰炸或集体屠杀犹太人）的照片，以激起人们对希特勒的痛恨"。教师对沙拉的发言表示赞许。

在这个课例中，学生始终处于主动探索、主动思考、主动建构意义的认知主体位置，但是又离不开教师事先所作的、精心的教学设计和在协作学习过程中画龙点睛的引导；教师在整个教学过程中说的话很少，但是对学生建构意义的帮助很大，充分体现了教师主导作用与学生主体作用的结合。整个教学过程围绕建构主义的情景、协作、会话和意义建构这几个认知环节自然展开，而自始至终又是在多媒体计算机环境下进行的同时用Internet实现资料查询，所以上述例子是以多媒体计算机和Internet网作为认知工具实现建构主义学习环境的范例。

● 走进电影科技

电影特技 〉

　　电影特技是在各种不同题材的影片摄制过程中，遇到一些成本很高、难度大、费时过多、危险性大的摄制任务或现实生活中并不存在的被摄对象和现象，要求摄制一些难于用一般摄制技术方法完成的电影画面时所用的拍摄特技。

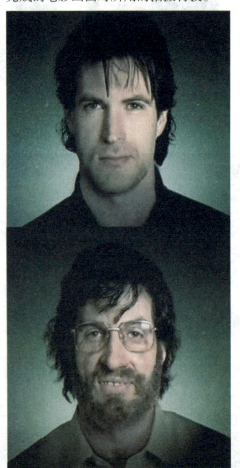

电影特技简介 〉

·特殊效果

　　按照电影的类型和风格可使用不同的特殊效果技法，大体分类如下。

　　1. 特殊化妆

　　从简单的老人化妆到狼人，《拯救大兵瑞恩》、《星舰骑兵》等影片中的伤员和弥留之际的士兵都是用特殊化妆手法来表现的。传统的特殊化妆耗费很多时间和金钱，因为特殊化妆用的材料价格高昂，而且熟练的化妆师也很少。

　　可参考的网络站点有电影《从黄昏到黎明》里扮演Sex Machine的Tom Savini的主页和叫Joeblasco的教育机构站点。

2. 电子动画学

Animatronics是Animation和Electro-nics的合成词，是利用电气、电子控制等手段制作电影需要的动物、怪物、机器人等的技术。一句话就是制作机器人演员的技术。

《星球大战》中的R2D2，《侏罗纪公园》中的恐龙，《勇敢者的游戏》中的狮子和蜘蛛，都是用Animatronics制作的演员。在Animatronics领域中，最有权威的人士当数费尔·提贝，他在电影《侏罗纪公园》和《星舰骑兵》中担任过电子动画效果监督。

多媒体世界的遨游

目前电子动画学在Motion Capture（运动捕捉）领域里也在跃跃欲试。要用电脑非图形常自然地表现人体不可能表现出来的，形态靠Key Frame Animation（关键帧动画）是不容易得到自然移动的效果的，结果就要靠机器人演员来做需要的动作，然后在电脑里利用机器人演员的数据制作出很自然的动作。如果想想Stan Winston制作的 M-ouse Hunter就容易理解了。

3. 计算机图形

从1977年制作的电影《星球大战》开始，计算机图形在电影中占的比例越来越大。如今电脑特技技术有了相当的发展。卢卡斯原以为因电脑特技技术的落后，他所策划的9部《星球大战》系列电影不可能在有生之年完成了。但是如今电脑和CG技术取得了飞跃性的发展，电脑特技能表现的领域也越来越广阔，《星球大战》系列电影也可以全部完成了。

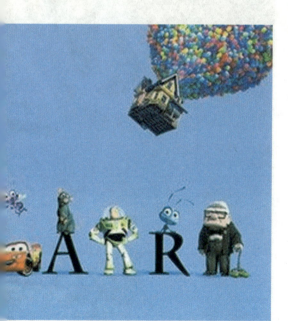

电影中的巨大水柱和恐龙等都是利用CG进行再创造的形象。如今通过这种影像，人们可以感受到计算机图形技术离我们如此之近，在这些创作中，制作"蚂蚁"的PDI公司和制作《玩具总动员》、《昆虫总动员》等影片的Pixar公司都是不断开发利用新技术、开拓CG应用领域的先锋。

4. 影像合成

这是影视剧特殊效果制作中占最大比例的部分。影视剧中的2D效果基本使用Dissowe或Wipe Pan以及Matte Painting等合成影像。这对形象的自然表现非常重要。

过去用传统的光学方式进行影像合成，合成的影像越多，画面质量越差。为了克服画面质量下降，ILM用了Vista Vision摄像机。而如今因数字技术的应用，影像合成质量和特殊效果等都使电影的表现力得到很大的提高。《阿甘正传》中跟总统握手的场面是展示数字合成技术无限应用潜力最好的例子。

5. 模型

把不可能实际拍摄到的布景、建筑物、城市景观、宇宙飞船等做成微缩模型的叫作模型。模型是电影史上使用历史很长的传统特殊效果。这种特殊效果将来也会在影视剧中继续使用。

理论上可以用CG来代替模型，但是，现在CG比模型摄影质量和真实感都差，比例和细节部分都不够理想。因此电影制作中还是把Miniature作为首选。只有用模型无法拍摄到的场面才用CG制作。因此CG的利用还是有限的。举个例子，影片Los-tin Space没有用模型摄影，而把大部分场面用CG来表现。因此影片的真实感和深度感都很差，看电影的感觉就像玩电子游戏时的感觉一样。

因此，目前业内人士不赞成使用CG模特。简单举个例子，电影中所有有关纽约市的模型都是由Hunter Gratzner来制作的。而如果用CG来表现纽约市的话，如何管理那么多的数据，对CG工作者们来说还是难题。

6. 爆破效果

爆破效果是利用化工技术表现出的效果，在特殊效果领域中占很重要的地位。一般用爆破Miniature或用CG合成渲染影像，跟其他部分连起来使用。

拍摄真正的爆破场面不是件容易的事情。因此利用装有Real Motion、Pyromania、Fire Effect等爆破场面的CD-ROM或 Max的 After Burn、Light Wave的Hyper Boxell等也是一种办法。Hyper Boxell或After Burn是应用Volume Metric和Shaer的插件。因此使用得当，就能得到非常逼真的效果。特别是After Burn,在电影《Armageddon(绝世天劫, 华纳, 1998)》中用过，很有名气。但是After Burn 的渲染时间比Hyper Boxell慢得多，质量方面因很久没有做过比较，不能断定，可能不相上下。

· 特殊摄影

特殊摄影属于专业摄影技法，据说是某位电影制作者在偶然的失误中发现的。

特殊摄影方法可分为四大类。

1. 摄像机的操作方式；

2. 在摄像机上安装光学装置，如摄像机的滤镜；

3. 在后期制作期间，在显像或光学处理过程中利用特殊处理办法；

4. 拍摄模型时用的GoMotion、休诺盖尔、Motion Control等技法。在制作Block Burster时，如果特殊效果场面很多，除了一般的摄影监督以外还要选一位特殊影像摄影监督，专门负责特殊摄影。因为特殊摄影本身需要摄影高手，摄影技术也跟一般的剧情摄影完全不同。ILM著名的丹尼斯·缪伦原先也是特殊效果摄影的监督。以"独立日"等影片颇有名气的Roland Amorich社团，也聘用了叫Anna Foster的特殊摄影监督。Anna Foster虽然是女性，但她忠实地履行许多男性都感到不好做的特殊摄影监督的职责，而且其实力也被业内人士认可，因此很有名气。

高速摄影

要通过操作摄像机摄Slow Motion Scene或者拍摄Miniature时，为了调整比

例，可以采用高速摄影。

这种技法常见于吴宇森执导的电影，如《喋血双雄》中周润发双手拿着手枪慢动作枪战的镜头等。这个电影用操作摄像机的手段，每秒24帧以上的速度拍摄，然后放映机以正常的每秒24帧的速度放映。这样，被摄体的移动相对于帧数变得慢一些。一般每秒50/28帧的速度拍摄，而得到Slow Motion。Miniature的爆炸场面和戏剧性动作场面主要使用高速摄影。

低速摄影

这也是通过操作摄像机得到特殊效果的拍摄方式。跟高速摄影相反，用这种方式可以得到Fast Motion效果。

每秒24帧以下的速度拍摄后，以正常速度放映就会得到影像相对于摄影帧速度变快的效果。要在短时间内给人们展示花开的过程或日出的过程时就用低速摄影。

缩影摄影

目前，缩影摄影中普遍使用Motion C-ontrol摄像机，有时也用一般的摄像机，而过去用的是休诺盖尔摄像机。

休诺盖尔摄像机利用潜望镜的原理把配有小透镜和反射镜的长管跟TV摄像机和一般摄像机连在一起拍摄物体。附在休诺

盖尔透镜上的反射镜像潜望镜一样把影像反射到附在摄像机透镜上的反射镜，摄像机就把反射到反射镜上的影像拍摄下来。这样可以得到原始的Motion Control拍摄效果。这种拍摄方法一般在物体快速进入直接用摄像机无法拍到的狭窄空间时用得比较多。

休诺盖尔摄像中比较有代表性的是《星球大战》第一集中X wing 冲向帝国军的Das Star表面的镜头。

Goal Motion摄影

Goal Motion摄影跟Clay Animation一样，是Staff Motion Animation技法中应用的Miniature摄影方式。这种技法是利用人们照相时用的单镜头Reflex Camera，边移

动照相机，边一张一张地拍摄Miniature的技法。这是ILM为了《星球大战》的拍摄开发的技法。Goal Motion摄影的代表镜头是影片《印第安那·琼斯》里的坑道镜头。这跟原始的Motion Control技法非常相似。

Staff Motion 摄影

这里要说的Staff Motion摄影不是像Clay Animation那种Staff Motion摄影技法。Clay Animation那种 Staff Motion是一边一

点一点移动被摄体，一边一张一张地拍摄画面的方式拍摄动画的。

而这里要说的是休玛广告里出现过的360°静止场面摄影技法。当然，像《圣诞节的恶梦》这样的Staff Motion Animation摄影也叫作Staff Motion摄影。但休玛广告中出现的Staff Motion摄影是以被摄体为中心，把Still Camera即人们照相时常用的单镜头Reflex Camera按一定的间隔排成一圈或一排，在同一瞬间进行拍摄的。这样Still Camera就能制作出从多个角度拍摄的静止画面。在编辑这些画面时把它们粘在一起，做成相连接的影像。这是一位英国的特殊效果摄影监督1996年新开发的。它要求非常精确的摄影技法。目前全世界只有两三个人能使用这种技法。因此，休玛CF制作费用的35%付给了负责Staff Motion摄影的英国人。在Block Burster中可以看到这种技法拍摄的Lost in Space等影片。

电影特技内容 〉

·特技效果

①完成巨大的、困难的甚至危险的摄制任务。影片中有时有战斗场面，如炮弹纷飞的大地、硝烟弥漫的战场、炮楼上天、战舰起火、飞机坠地、房屋倒塌、火车出轨等，有时有自然灾祸场面，如河堤决口、地震、海啸、火山爆发等等。一般摄制方法不能完成或不能很好地完成这样的摄制任务。在惊险样式的影片中或影片中的一些惊险镜头，充分利用特技方法拍摄，能赋予电影以紧张、惊险的气氛，而又不必使演员承担任何风险。

②提高电影镜头的艺术质量，加强艺术效果。根据影片内容、气氛或画面效果的需要，利用特技方法可以改变被摄对象的数量，改变它们之间的比例关系，造成正常透视或使影像变形；可以平衡画面亮度、调节画面影调和反差，改变画面气氛，重新安排画面构图，修改或去除画面中的部分景物；可以改变被摄对象的动作节奏、运动方向，在一个镜头中造成多画面或在一个画面中造成多影像；还可以制作划过、淡入淡出、叠化、翻板、画面转动及虚实技巧等。

③创造全新的电影镜头。在神话片和童话片中，那些被美化或被神化了的带有幻想情调的大自然和人物以及人物的行为和动作，在实际生活和自然环境中往往是不能寻找到的，那闪耀着珠光宝气的水底龙宫、金碧辉煌使人眼花撩乱的天堂、神秘莫测的魔窟、飞腾、入地、劈水、开山、变化无穷力大无比的主人公，这一切离开电影特技就会使童话或神话片失去它特有的美丽感人的光泽。在科教片以及在科幻片中，只有充分利用特技方法，才能根据创作者的要求，摄制出一个个全新的镜头，使影片内容得到充分表现。

④节约拍摄时间，降低影片成本。

83

· 特技的分类

　　用于拍摄特技的摄影机的摄影频率一般是可调的，可以进行快速摄影和慢速摄影。通常，放映机的放映频率定为每秒钟24帧，如果快速拍摄（一般指每秒24帧以上，128帧以下），正常频率放映，就会得到被摄对象动作变慢的效果。慢速拍摄（一般指每秒24帧以下），正常频率放映，就会得到被摄对象动作变快的效果，因此也有人把快速摄影称作为慢动作摄影，把慢速摄影称之为快动作摄影。

　　在摄影时，如果摄影机反向转动，即胶片反向运动，在银幕上就会得到被摄对象的反向动作效果，这种方法称之为倒拍。在拍摄一个镜头的过程中，将开动着的摄影机暂停，机位及其他条件固定不动，这时，更换、去掉或增加被摄对象中的某些物体，然后再开动摄影机继续拍摄。这样，在银幕上就会得到在一个画面中某些物体突然变化、消失或出现的效果，称之为停机再拍。

　　经多次局部曝光完成一个画面的方法，称之为画面的多次曝光。拍摄时，在摄影机前或摄影机内的片窗前加一块黑色不透明的遮板。第一次拍摄时，遮板挡掉景物中的一部分，使胶片上的相应部分不感光。第二次拍摄时，将第一次拍摄时胶片上感光部分用另一块遮板挡住，使其不再感光，同时撤去第一次拍摄时用过的遮板使未感光部分感光。这样，可合成一个完整的画面。当一角两饰又要求在同一画面中出现时，则可用这种方法拍摄。这种多次曝光的画面，每部分都彼此紧紧相邻，故又称之为邻域式多次曝光。如果画面中多次曝光的各影像全部或部分叠加，则称之为叠印式多次曝光。

　　用小比例模型作为被摄对象以替代实景的拍摄方法称之为模型摄影，是最常用的特技方法之一。拍战争场面、自然灾害场面、神话片及童话片中的幻想景物、科教片中的模拟景物时都大量采用模型摄影。模型是实物的缩小体，在画面中，它是作为真实的景物出现在观众面前的，因此，模型与实景相应部分的比例关系、模型场面的透视关系、色彩、光线与表面质感的处理等都要尽可能地与实景相一致。

用绘画、模型或照片等替代拍摄的实景的一部分，补充或去掉实景中的部分景物，以便得到影片所要求的艺术效果的方法称之为同期接景法。同期接景法是特技方法中最常用、最简便的方法。其中，用绘画代替画面中部分实景的方法称为同期绘画合成。用模型替代部分实景的方法叫作同期模型合成法。比起绘画来，使用模型的优点在于立体感强、容易取得真实的照明效果、不大受拍摄时间的限制，同时还可以在模型部分制作一些必要的效果。缺点在于工艺比较复杂、接缝和支架都容易出现困难。

利用镜子反射的影像替代画面中实景的一部分，并在拍摄现场一次拍摄下来，并使之合成一个统一完整的画面的方法，叫作镜子合成法。根据所使用镜子的不同，该方法可分为两类，一类为全反射式反光镜，合成时，将全反射镜上不需要起反射作用的部分的反光物质除掉，这样，有反光物质的部分则起反射景物的作用，去掉反射物质的部分则起透过景物的作用，拍摄时，将反射的影像和透过的影像同时拍摄在一个画面中。另一类为半反射式反光镜，为避免反射的影像和透射的影像重叠在一起，拍摄时使用正负遮板。一遮板放在反射镜与演员表演的场景之间（在镜头的前面），另一遮板放在反射镜与被反射的景物之间（镜头的侧面）。

将银幕上的放映影像和银幕前面演员的表演一次拍摄在一个画面中的方法称之为银幕合成法。其中包括背景放映合成和正面放映合成。

近代较多使用的特技手法还有活动遮片摄影和光学技巧印片法。

随着电子技术、电视技术、计算机技术的发展，电影特技也相继出现了与它们有关的新方法。

电子蓝屏幕法。它是利用电子控制方法，将前景演员影像与背景影像同时合成在一个画面中。它由前景摄像车和背景摄像机构组成一个伺服控制系统。演员在蓝屏幕前表演。拍摄时，前景摄像车进行各种移动拍摄，受控的背景摄像机按一定的缩小比例做相应的运动以拍摄背景。两台摄像机摄的影像通过电子合成机构合成在一个画面中，用录像机记录在磁带上。这种方法解决了活动遮片法中经常出现的前景（主要是人物）轮廓变宽的问题、移动拍摄问题，同时还可以使人物在模型中活动。这种记录

在磁带上的信号可以转录到电影胶片上成为光学影像。

电子模拟摄影法。它用程序控制摄影机进行移动拍摄。拍摄分两阶段进行。第一阶段摄影机拍摄蓝幕前演员的表演场面，同时将摄影机实际拍摄时的各种运动量转换成模拟量，通过计算机运算并储存起来；将第一次摄得的底片按蓝屏幕法加工得到正负遮片。第二阶段拍摄背景。将计算机储存的信号按一定比例提取出来，模拟第一次拍摄时的运动形式，按比例重复运动来拍摄背景。经合成，得到合成画面。

数字特技法。数字特技制做画面可分两种。一种是量线形图形，即单线条几何图形画面；一种是扫描图形，即有色调的扫描影像图形。动画片中多用第一种，故事影片多用第二种。制做方法是：根据拍摄要求，计算机进行运算并编制程序；经自动检验校正后，按程序用录像机拍摄录制画面，然后再将磁带信号转录到胶片上使之形成光学影像。

电影特技发明 〉

电影所具有的一大特点即它的奇观效应，使人能够进入"梦境"般的情节与场景中，在其中体验另一种人生。而如何造梦，如何使得梦境更加瑰丽辉煌，如何在银幕上呈现出更加令人惊叹的视觉效果来，这就是自电影诞生以来电影人一直追求的目标，从乔治·梅里埃到乔治·卢卡斯、詹姆斯·卡梅隆、斯蒂芬·斯皮尔伯格，无不为此做着不懈的努力，这就是计算机技术现在大行其道的领域——电影特技。

电影特技指的是利用特殊的拍摄制作技巧完成特殊效果的电影画面。在电影生产过程中，常会遇到一些难度大、

詹姆斯·卡梅隆

成本费用惊人或危险性大以及难于在现实生活中拍摄到的一些镜头和景象。由于常规摄制技术难于完成，这就必须用特技方法来完成。按制作顺序可以分为前期拍摄时的电影特技和后期制作时的电影特技。在传统的电影特技中更多地依赖前者，如特技摄影、缩微模型摄影、电子模型特技、合成特技（包括合成摄影和洗印合成）、物理化学效果特技、特技化妆等。而对于后者——后期制作时完成的特技则手段不多，以前主要依赖光学洗印技术来实现。在计算机介入到电影特技领域后，电影特技的后期制作能力大大增强。数字电影特技所包含的内容也更加广泛与深入。

乔治·卢卡斯

斯蒂芬·斯皮尔伯格

89

 电影特技之父

前期拍摄时的电影特技即特技摄影，这是最早采用的特技手法。它的诞生纯属偶然，是早期电影大师法国人乔治·梅里埃在巴黎的德勒剧院拍摄一个场景时意外发现的。当他在转动摄影机的摇把时，设备突然被卡住了。一分钟之后恢复了正常继续拍摄。而在放映时一个有趣的现象出现了：银幕上公共汽车变成了灵车，男人瞬间变成了女人。这就是停格再拍（Stop Motion）技术。这样，看似一次意外的拍摄事故却催生了早期的电影特技。乔治·梅里埃也因此成为"电影特技之父"。随后，梅里埃又使用了多次曝光、慢动作、快动作、叠化等一系列特技手法。后来又在1902年拍摄《橡皮头人》时尝试了分屏技术。《星球大战》电影特技缩微模型摄影是以缩微模型为拍摄对象的特技摄影方法。在影片的拍摄过程中利用模型道具，将不可能实际拍摄到或没有必要耗费巨资搭建的布景、建筑物、城市景观、宇宙飞船等做成微缩模型（Miniature）。利用透视原理由摄影机拍摄，取得以小见大的效果。

电影特技赋予了电影更具生命力的表现方式，使观众得以窥见过去及未来，成就导演的幻想与创作。但人类的好奇也许是电影特技大师们永远无法满足的，传统的电影特技中的小

把戏已无法逃脱人们挑剔的眼球。正在这时，情况发生了变化。

乔治·梅里埃

电影的数字化进程及其挑战 〉

自20世纪90年代以来，国内的一些具有敏锐眼光的电影导演就开始尝试把计算机技术引入到电影制作中，如早期的《秦颂》就采用了CGI画面。上海电影制片厂的《紧急迫降》采用了较多的CGI镜头。2002年上影厂投资2000万元拍摄的《极地营救》中有三分之一的镜头是完全用数字摄像机拍摄的，也运用了大量数字电影特技，其中泥石流、沙尘暴、雪崩等60%的场面采用CGI合成镜头。这几年的国产大片如《英雄》、《十面埋伏》、《无极》以及香港电影《少林足球》、《老夫子2001》、《卫斯理蓝血人》、《蜀山传》、《情癫大圣》等也大量采用了CGI镜头和数字合成技术。

中国电影的数字化进程正在加快，其表现是电影数字化制作平台已初具规模。1999年10月，国家计委批准了由中国电影集团公司申报的《电影数字制作产业化示范工程》项目，为此，总公司决定成立电影数字制作公司作为此项目的具体承担单位，从事电影数字化制作，包括电影胶片的数字化扫描、记录，电影特效和动画创意，电影特技合成，三维动画，非线性编辑，数字音频，特效拍摄等各个方面。2000年4月，国家为了适应数字化发展的浪潮，投资9000万元建立了华龙电影数字制作有限公司，实施"电影数字制作产业化示范工程"。随着工程的深入实施，我国电影的数字化制作水平正进一步提高。

在中国电影诞生100周年之际，一个世界一流技术水准的国家级数字电影工程基地在北京市怀柔区杨宋镇破土动工。这是一个投资9亿元、占地35公顷的数字电影基地，涉及电影摄制的各个环节。基地建成后将具备年制作80部故事片电影、100部数字电影、200部电视电影、500集电视剧和动漫片的生产能力。该基地的建成大大提高了我国电影的技术水平和银幕表现力，增强了中国电影的国际竞争力。

大力推广数字中间片技术是一项重要举措。数字中间片是一种数字化后期制片工艺，是电影后期制作数字化发展的方向。

客观地说，国内电影界在数字技术的巨大潮流冲击中，首先想到的是设备，因此近年来陆续引进了先进的制作设备，包括与国外合作培养一批技术人员，也在电影制作中采用了数字技术。但与国外相比，尤其是与好莱坞相比，差距还甚远。电影数字化不只是简单引入一些设备就可以解决的。就具体层面来说，国内电影特技制作水平还不够成熟，其原因从硬件上说我们没有形成一套完整的制作体系，须知，单靠一种手段（即使是计算机技术也是如此）是不能解决所有问题的，要有多种特技手段的配合；另外，有经验的制作人员的缺乏是一个重要原因。而再从宏观的角度上说是国内还没有形成一个有规模的电影市场。显然，在既没有充分的电影产量也没有成熟的电影市场的情况下，中国电影的数字化道路就比较艰难。因此，中国电影数字化的道路一方面要进行技术上的更新，同时，培育中国的电影产业和市场才能为其提供坚实的基础。

在应付数字技术挑战的同时，我们也应该看到数字电影给中国电影带来的发展机遇。数字电影是指以数字技术和设备摄制、存储，并通过卫星、光纤以数据流的形式或以磁盘、光盘等载体形式传送，将数字信号还原成符合电影技术标准的影像与声音，放映在银幕上的电影作品。及早进入数字电影领域，建立起一定规模的国内数字电影影院，首先是可以有效抵制盗版，改善我国知识版权保护环境，同时增加国内发行和放映的收入。其次，及早进入数字电影领域，尽快组建符合我国实际情况的数字节目管理和交换中心，使用我们自己的数字传输和管理技术，将有效维护我国在整个数字电影技术环节中的增值比重，加大我们在与国外制片商谈判中的分账比例。

立体电影 〉

1953年5月24日立体电影首次出现，为了把观众从电视夺回来，好莱坞推出了一种新玩意儿——立体电影。戴着特殊眼镜的观众像在观看《布瓦那魔鬼》及《蜡屋》这类惊险片那样，发现自己躲在逃跑的火车及魔鬼的后面。从而将我们带入了立体电影的时代。

1953年，《恐怖蜡像馆》等一批3D恐怖片应运而生，3D片在上世纪50年代进入了黄金时期。

1954年，当时世界上最伟大的导演们，绝大多数并不看好3D电影，认为那只不过是在玩魔术而已，根本不是艺术。然而，希区柯克不这么想，他在1954年拍摄了3D版的《电话谋杀案》，成为了当时3D片中为数不多的精品。

·历史

1839年，英国科学家查理·惠斯顿爵士根据"人类两只眼睛的成像是不同的"发明了一种立体眼镜，让人们的左眼和右眼在看同样图像时产生不同效果，这就是今天3D眼镜的原理。

1922年，世界上第一部 3D电影是《爱情的力量》，遗憾的是，影片很早之前就已经遗失了。早期的3D电影都是以展示立体效果为主，片中常以指向观众的枪、扔向观众的物体为噱头。

1952年，讲述非洲探险的《非洲历险记》被认定为是史上第一部真正的3D长片。该片的口号是"狮子在你腿上，爱人在你怀里"。尽管《生活》杂志在称该片"廉价、荒谬"，但观众们仍然热情地挤进电影院去体验片中的"自然视角"。

1954年3月5日，环球公司推出最有名的3D恐怖片《黑湖妖谭》，该片也是至今止唯一有续集的3D电影。新版《黑湖妖谭》计划在2011年上映。

1962年，我国的天马电影制片厂拍摄了国内第一部3D立体电影《魔术师的奇遇》，桑弧导演，陈强主演。后来又陆续出现了《欢欢笑笑》、《快乐的动物园》、《靓女阿萍》、《侠女十三妹》等。

1982年，迪士尼拍摄了短片《魔法之旅》，虽然这部短片只有16分钟，但通过CGI与真人表演的混合，打造出了在当时令人惊讶的3D效果。

1982年，《13号星期五》第三部上映，令80年代的3D电影慢慢复苏。

1983年，3D版的《大白鲨》第三集轰动一时，放映首周就赚得1300万美元的票房。但因为电影本身水准低下，3D效果也无过人之处，很快就让观众失去了兴趣。

1985年，《魔晶战士》成为世界首部3D动画长片。

2004年，第一部IMAX 3D长片《极地特快》诞生。该片在2000块普通2D银幕上放映，3D IMAX银幕只有75块。然而就是

这75块3D IMAX银幕，获得的票房占全片总票房的30%。3D+IMAX的"超强组合"，让发行方看到了巨大的商业潜力。

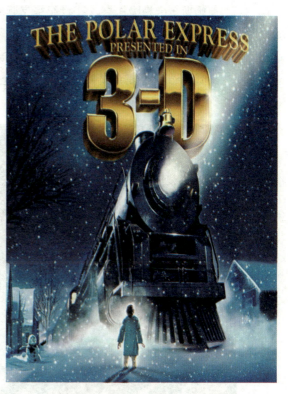

2005年，迪士尼的动画片《鸡仔总动员》采用了新型投影技术放映，消除了以往看3D电影时容易产生的眼睛疲劳。

2008年，《U2 3D演唱会》是第一部完全用3D摄影机拍摄的真人影片，这个音乐纪录片堪称先锋。

2009年，环球的动画片《鬼妈妈》

是第一部采用停格动画形式的3D电影。2009年，《阿凡达》成为有史以来制作规模最大、技术最先进的3D电影。阿凡达（Avatar）是一部科幻电影，由著名导演詹姆斯·卡梅隆执导，20世纪福克斯出品。该影片预算超过5亿美元，成为电影史上预算最高的电影。大卫·斯莱德（David Slade）执导的《暮光之城3：月食》于2010年6月30日上映。影片采用3D IM-AX技术。《暮光之城3：月食》的故事继续围绕女主角与吸血鬼爱人以及狼人之间展开，在狼人角色淡出之后，她还将面临新的吸血鬼军团的挑衅。据悉，随着《暮光之城》的人气爆炸，系列电影的投资规模亦越来越大，特效水准也将大幅度提高。

中国立体电影史

1962年，天马电影制片厂拍摄了国内第一部3D立体电影《魔术师的奇遇》，桑弧导演，陈强主演。后来又陆续出现了《欢欢笑笑》、《快乐的动物园》、《靓女阿萍》、《侠女十三妹》等。中国拍摄的立体电影是偏光立体电影。3D电影在国内大范围上映实际始于2008年的《地心历险记》。近在咫尺的细微生物、呼啸而过的珍奇异兽、过山车般身临其境的美妙感觉……100元的高昂票价和前所未有的视觉冲击力，让该片在有限的80块3D银幕放映27周，票房达6700万元，平均每块银幕票房80万元。以票房3.2亿元的《赤壁》(上)为例，它在3600块银幕放映合每块银幕票房8万多元。比较两部影片，3D电影平均银幕票房数是普通影片的10倍！"卖一部电影的票房就收回了放映设备的投入"，堪称奇迹。

一系列引进的3D大片掀起了3D热潮，国内众多院线纷纷扩建、更新放映设备，力推3D电影。2008年中国的3D银幕数量还只有86块，一部《地心历险记》6700万的票房极大地刺激了各院线老板的胃口，纷纷上马升级3D银幕和设备，到《冰河世纪3》上映之时，中国的3D银幕数量已经迅速发展到350块。《阿凡达》上映之时，中国的3D银幕数量突破了600块，成为紧随美国之后的全球第二大3D电影市场。短短一年半时间，3D银幕数剧增，而且这一增速还在持续。目前影院对于3D设备有两种选择方式，一种是放映机成本较低，投入几十万，但科技含量在眼镜上，因此一副立体眼镜的成本就达到了700元；另一种方式，则是眼镜只有20到30元，但设备成本高达几百万。只要有数字银幕，在此基础上花20多万元添加设备就能放映3D电影，成本不算高，复制起来非常容易。因此绝大部分影城采用前者设备放映3D电影。中国3D电影市场一不留神成为全球第二，成长速度可谓一日千里。同时，一批优秀的影视、动画工作者也投入到了3D电影的制作中。

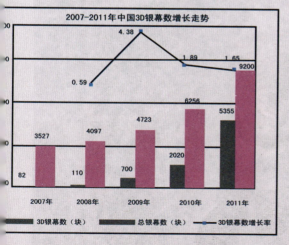

2007-2011年中国3D银幕数增长走势

· 主要应用

所谓的CGI,就是使用计算机产生的影像,更精确的意思是应用在影片中的三维特效,还有在电视节目、广告及印刷媒体中也很常见。在电脑游戏中常使用的即时运算图形都属于CGI的范围,也有些是用来做过场或是介绍用页面。在影院看的是立体版本的IMAX技术 。为营造出立体景深,IMAX 三维采用了双摄影机及双投映机拍摄及放映 。目前IMAX 三维放映时采用偏光式放映,观看时以配戴偏光眼镜来分析立体影像。

科幻电影:造成如云霄飞车上下俯冲、太空漫游、子弹射出等原本真人电影无法呈现的惊讶式特效。

珍宝欣赏:对于珍藏的古董及珠宝,无法如临现场可以透过三维技术摄影保存,透过三维图像可以完全详细检视。

远距医学:对于远距离的开刀,必须有两眼存在的距离感,三维可以提供最佳的解决方案。

成人影片:成人影片追求感官的最大刺激,通过三维可以实现。

· 原理介绍

拍摄原理

人以左右眼看同样的对象，两眼所见角度不同，在视网膜上形成的像并不完全相同，这两个像经过大脑综合以后就能区分物体的前后、远近，从而产生立体视觉。立体电影的原理即为以两台摄影机仿照人眼睛的视角同时拍摄，在放映时亦以两台投影机同步放映至同一面银幕上，以供左右眼观看，从而产生立体效果。拍摄立体电影时需将两台摄影机架在一具可调角度的特制云台上，并以特定的夹角来拍摄。两台摄影机的同步性非常重要，因为哪怕是几十分之一秒的误差都会让左右眼觉得不协调；所以拍片时必须打板，这样在剪辑时才能找得到同步点。

放映立体电影时，两台投影机以一定方式放置，并将两个画面点对点完全一致地、同步地投射在同一个银幕内。在每台投影机的镜头前都必须加一片偏光镜，一台是横向偏振片，一台是纵向偏振片(或斜角交叉)，这样银幕就将不同的偏振光反射到观众的眼睛里。观众观看电影时亦要戴上偏振光眼镜，左右镜片的偏振方向必须与投影机搭配，如此左右眼就可以各自过滤掉不合偏振方向的画面，只看到相应的偏振光图像，即左眼只能看到左机放映的画面，右眼只能看到右机放映的画面。这些画面经过大脑综合后，就产生了立体视觉。

播放原理

普通的电影或照片都是一个镜头从单一视角拍摄的，影像都在同一平面上，人只能根据生活经验（如近大远小、光线明暗）产生空间感。而立体电影则是由从类似人两眼的不同视角摄制的具有水平视角差的两幅画面组成的，放映时两幅画面重叠在幕上呈双影，通过特制眼镜或幕前辐射状半锥形透镜光栅，观众左眼看到的是从左视角拍摄的画面、右眼看到的是从右视角拍摄的画面。通过双眼的会聚功能，合成为立体视觉影像。观众看到的影像好像有的在幕后深处，有的脱框而出，似伸手可攀，给人以身临其境的逼真感。采用

幕前辐射状半锥形透镜光栅的立体电影受观众厅座位区位置的严格限制，观众头部不能随便移动，否则立体效果消失，因此观众感到异常不便。在戴眼镜观看的立体电影中，广泛采用彩色眼镜法和偏光眼镜法。彩色眼镜法是把左右两个视角拍摄的两个影像，分别以红色和青（或绿）色重叠印到同一画面上，制成一条电影胶片。放映时可用一般放映设备，但观众需戴一片为红另一片为青（或绿）色的眼镜。使通过红镜片的眼睛只能看到红色影像，通过青色镜片的眼睛只能看到青色影像。此法的缺点是观众两眼色觉不平衡，容易疲劳；优点是不需要改变放映设备。初期的

立体电影常用这种方法。1985年日本筑波国际科技博览会上展出了采用这种方法的球幕黑白电影，效果更佳。偏光眼镜法的立体电影，从1922年开始一直为各国所重视，有些国家已和大视野的电影相结合，拍成质量更高、效果更好的彩色立体电影。这种电影在放映时，左右画面以偏振轴互为90°的偏振光放映在不会破坏偏振方向的金属幕上，成为重叠的双影，观看时观众戴上偏振轴互为90°、并与放映画面的偏振光相应的偏光眼镜，即可把双影分开获得立体效果。由于制作和放映工艺的不同，偏光立体电影有双机和单机之分。1985年的筑波博览会上展出了70毫米大银幕彩色立体电影。自20世纪60年代以来，中国拍摄的立体电影是偏光立体电影。苏联在70年代研试了全息立体电影，观看时不必戴眼镜，有很大的影像亮度范围。由于观众眼睛的视觉调节和收敛是自然的，不会引起过分紧张和疲劳，观众只要转动头部，即可看到如同实物那样的位置变化，比普通电影有更大的深度感，就像真实物体那样。

立体电影制作流程>

· 剧本讨论

就立体影片制作客户的要求、主要诉求点，制作师交流与沟通。

· 概念设计

业内通用的专业立体电影流程前期制作，内容包括根据剧本绘制的动画场景、角色、道具等的二维设计以及整体动画风格（色调、节奏、情绪、泥塑等）定位工作，给后面三维制作提供参考。

· 分镜故事板

根据文字创意剧本进行的实际制作的分镜头工作，手绘图画构筑出画面，解释镜头运动，讲述情节给后面三维制作提供参考。

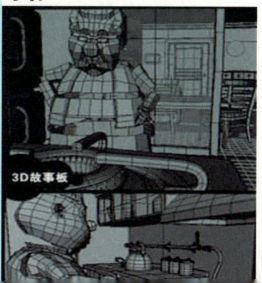

3D故事板

· 粗模

在三维软件中由建模人员制作出故事的场景、角色、道具的粗略模型，为故事板做准备。

· 3D故事板(Layout)

用3D粗模根据剧本和分镜故事板制作出3D故事板。其中包括软件中摄像机机位摆放安排、基本动画、镜头时间定制等内容。

· 3D角色建模型／3D场景／道具模型

根据概念设计以及客户、监制、导演等的综合意见，在三维软件中进行模型的精确制作，是最终动画成片中的全部"演员"。

· 贴图材质

根据概念设计以及客户、监制、导演等的综合意见，对3D模型"化妆"，进行色彩、纹理、质感等的设定工作，是动画制作流程中必不可少的环节。

· 骨骼蒙皮

根据故事情节分析，对3D中需要动画

的模型（主要为角色）进行动画前的一些变形、动作驱动等相关设置，为动画师做好预备工作，提供动画解决方案。

· 分镜动画

参考剧本、分镜故事板，动画师会根据Layout的镜头和时间，给角色或其他需要活动的对象制作出每个镜头的表演动画，有人工设定关键帧，也有动作捕捉器。动画调节在三维动画中是与二维动画类似的思考方法，但在这个工作上三维动画有很大的优势。我们知道二维动画在制作时有"原画师"和"动画师或中间画"，在三维动画的世界之中设计者做的是"原画师"的工作，我们操作骨骼系统在不同的关键帧设定动画，而"动画师"的工作则全部由计算机自动完成。

· 灯光

　　根据前期概念设计的风格定位，由灯光师对动画场景进行照亮、细致的描绘、材质的精细调节，把握每个镜头的渲染气氛。

· 3D特效

　　根据具体故事，由特效师制作。若干种水、烟、雾、火、光效在三维软件（M-aya）中的实际制作表现方法。

· 分层渲染/合成

　　动画、灯光制作完成后，由渲染人员根据后期合成师的意见把各镜头文件分层渲染，提供合成用的图层和通道。配音配乐由剧本设计需要，由

专业配音师根据镜头配音，根据剧情配上合适的背景音乐和各种音效。片子的音乐可以作曲或选曲。这两者的区别是：如果作曲，片子将拥有独一无二的音乐，而且音乐能和画面有完美的结合，但会比较贵；如果选曲，在成本方面会比较经济，但别的片子也可能会用到这个音乐。旁白和对白就是在这时候完成的。在旁白和对白完成以后，在音乐完成以后，音效剪辑师会为影片配上各种不同的声音效果，至此，一条立体电影的声音部分的因素就准备完毕了，最后一道工序是将以上所有元素的各自音量调整至适合的位置，并合成在一起。在这一步骤完成以后，立体电影就已经完成了。

· 后期剪辑

电影院中普遍采用。现在有不少影院用渲染的各图层影像，由后期人员合成完整成片，并根据客户及监制、导演意

见剪辑成不同版本，以供不同需要用。

缺点是播放1080p时只有540p，也就是画质减半，导致效果不明显。

观看方式

· 空分法

电影院中普遍采用。现在有不少影院都拥有3D立体放映厅，放映时通过两个放映机来播放两个摄影机拍下的电影，在屏幕上就会同步出现两组有差别的图像，一般用偏振眼镜观看，也有用光谱眼镜的。

· 不闪式技术

不闪式3D电视方式是最接近我们实际感受立体感、最自然的方式。如同在电影院里享受生龙活虎的3D影像，把分离左侧影像和右侧影像的特殊薄膜贴在3D电视表面和眼镜上。通过电视分离左右影像后同时送往眼镜，通过眼镜的过滤，把分离后的左右影像送到各个眼睛，大脑再把这两个影像合成，让人感受3D立体感。不闪式3D的特点：有关视角方面，在视听推荐距离内观看时不闪式3D全然不成问题。比如，除了在1米以内站着、坐着或者用不正常的姿势观看电视以外，在3D电视视听推荐距离内观看时没有任何问题。唯一的

· 互补色技术

这是另一种3D立体成像技术，现在也比较成熟，有红蓝、红绿等多种模式，但采用的原理都是一样的。色分法会将两个不同视角上拍摄的影像分别以两种不同的颜色印制在同一幅画面中。这样视频在放映是仅凭肉眼观看就只能看到模糊的重影，而通过对应的红蓝等立体眼镜就可以看到立体效果，以红蓝眼镜为例，红色镜片下只能看到红色的影像，蓝色镜片只能看到蓝色的影像，两只眼睛看到的不同影像在大脑中重叠呈现出3D立体效果。

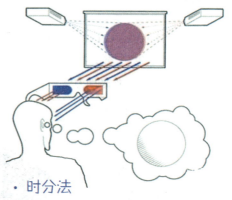

· 时分法

时分法需要显示器和3D开关眼镜的配合来实现3D立体效果。时分法所采用的立体眼镜构造有些复杂，当然成本也高些。两个镜片都采用电子控制，可以根据显示器的输出情况进行状态的切换，镜片的透光、不透光切换使得人眼只能看到对

应的画面（透光状态下），双眼看到不同的画面就能够达到立体成像的效果。优点：应用得最为广泛，资源相对较多；缺点：1. 戴上眼镜之后，亮度减少较多；2. 3D眼镜快门的开合在日光灯作用下与左右图像不完全同步，会出现串扰重影现象；3. 快门式3D眼镜的售价在1000元左右，相对较贵，并且需要安装电池或充电使用。

· 普氏立体

这是一战后的一位老兵发现的一种看立体的方式（国内叫过全真立体），这项立体电视技术与原有各种制式的电视设备兼容，其原理是在拍摄立体节目时，让摄像机向左或向右匀速移动，主要是运动立

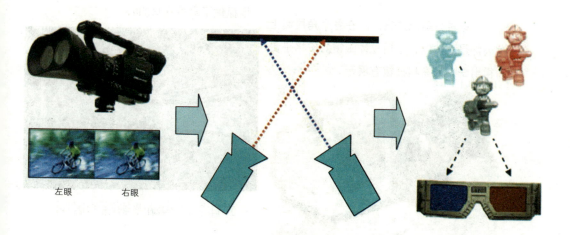

左眼　　　右眼

· 光栅式

为了能在2008北京奥运会召开时观看电视立体节目，我国自己制造出了光栅式的立体电视机，但光栅式也有缺点，就是清晰度和其他立体相比要差些，只有在非常大的电视上清晰度稍高，但这样一来，价格也就上去了，想克服这个缺点就是要技术进步。

体的效果。观众看节目时，戴上一副对应左移或右移的特制眼镜，这种眼镜的镜片一个是透明的，另一个是半透明的，成本低廉，如果不戴眼镜和看普通电视没有区别。这项技术面临淘汰的原因是左移与右移所拍的片子与观看戴的眼镜容易混淆，造成立体效果不明显，而其兼容性好的特点又被过度炒作，上世纪80年代起，在全球几十个国家几起几落。

· 观屏镜

以前专用于看立体相机拍的图片对，图片对一般左右呈现。现在这种观屏镜也可看左右型立体电影。缺点：看图像或电影时最多只能是屏幕一半大小；优点：非常清晰。

· 全息式

这种目前无法推广。在各个角度看上去都是立体的，不用立体眼镜。价格是贵得出奇，只在科技馆有展示。

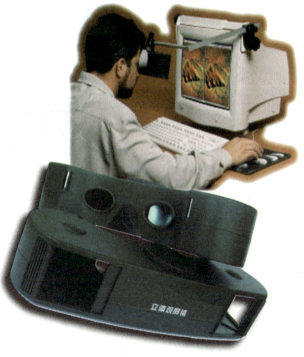

立体电影的延伸—动感影院 〉

· 出现的原因

立体电影的出现使消沉了许久的电影产业出现了第二春的喜人场面，影院也又一次被人们重视起来。每一项技术的兴起都必将带动相关产业的发展。动感影院就是在这个时候相继出现的，由于逼真的影视效果，新颖的观看方式，一出现便牢牢地抓住了众多观众的心。

· 立体影院和动感影院的区别

3D立体影院，在普通投影数字电影基础上，在片源制作时，以3D立体拍摄制作的方式将片源画面使用左右眼错位2路显示，每通道投影画面使用2台投影机投射相关画面，通过偏振镜片与偏振眼镜，片源左右眼画面分别对映投射到观众左右眼球，从而产生立体临场效果。3D立体影院一般设计成弧幕形式，立体感更强。3D立体影院的设备构成上主要有片源播放设备、多通道融合处理设备、投影机（左右通道数×2）、投影弧幕、偏振镜片、偏振影片、音

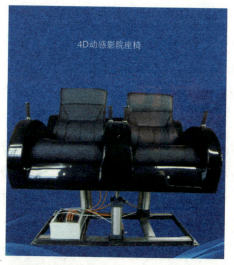

4D动感影院座椅

响等其他设备。

　　4D影院是相对3D立体影院而言的，就是在3D立体影院基础上，加上观众周边环境的各种特效，称之为4D。环境特效一般是指闪电模拟、下雨模拟、降雪模拟、烟雾模拟、泡泡模拟、降热水滴、振动、喷雾模拟、喷气、喷雾、扫腿、耳风、耳音、刮风等其中的多项。4D影院的设备构成相对较为复杂，在3D立体设备基础上，增加特效座椅以及其他特效辅助设备。4D动感影院与4D影院的概念比较接近，区别起来比较模糊。4D动感影院主要强调"动感"二字，体现在座椅更具有自由度，更强的动感效果，而不仅仅是4D影院的简单颠簸震动效果。还有所谓的5D影院，这些基本上列为噱头范围，没什么实际意义，按照这种定义方式未来还可能产生更多的6D、7D甚至是更多。

数字3D电影发展现状和优点 ＞

　　数字立体电影依托目前数字影院放映设备的平台，只需增加放映数字立体电影的辅助设备和更换金属银幕或高增

益白幕就可放映数字立体电影。数字立体电影比胶片立体电影的放映具有画面清晰、稳定、无明显重影、亮度高、与普通数字放映设备兼容等众多优点，克服了观看传统胶片立体电影时的头晕、疲劳等弊端，能给观众以特殊的观影体验和视觉享受。自从2005年11月美国迪士尼首次推出数字立体影片《小鸡快跑》以来，目前在全球已经出品了10多部数字立体影片（全部是动画、科幻、历险类主题，主要追求立体观感效果，片长一般与普通故事片相同），两年以来世界上已安装了1500多块数字立体银幕。这种特殊类型的电影在商业影院一推出就受到各国观众的喜爱，虽然在国外数字立体电影的票价比普通电影的价格高出1~2.5美元，但观看电影的人次却远远高于普通电影，据统计，1块数字立体银幕的放映收入一般要比普通银幕高出2~5倍，以2007年3月30日上映的《拜访罗宾逊一家》为例，首映当天每块银幕的3D版本票房约12000美元，而2D版本票房只有4000美元，该片在美国总票房9800万美元，其中三分之一来自数字3D放映，而数字3D银幕只占放映总银幕的六分之一。票房的成功极大地激发了影院经营商、影片制作商和设备生产商的积极性。目前发达国家已掀起了发展数字立体影院的热潮，美国和欧洲的放映商纷纷开始实施数字3D系统安装计划，

到2009年全球数字影院中放映立体电影的银幕超过5000块；美国好莱坞梦工厂2009年以后出品的动画影片全部采用了数字立体格式，迪士尼近年生产的动画片也全部采用数字立体格式。国际同行一致认为数字立体电影改变了人们在影院的观影方式和体验，已成为电影新的增长点，并将有效地增加了盗版的难度，加快了全球数字影院的发展进程。虽然现在国际上安装数字立体系统的热情空前高涨，但关于数字立体电影的相关技术标准尚在制定之中，节目母版的格式已在DCI组织的规范下基本实现了统一，关于放映系统格式还没有计划进行规定，数字立体放映系统在有些指标上尚不满

足DCI规范的要求，如：色彩深度等。

立体照片的应用 >

立体电影照片是经过360度自主研发的立体相机对人物、景物或产品等进行多镜头数码记录，然后经立体设备加工而成的照片即是立体电影照片，立体电影照片拥有立体电影般的立体真实效果，是当今欧美发达国家贵族领域最时尚的

影像消费方式，照片图像景物远近不同、层次分明、人物呼之欲出，逼真的三维空间感给人一种人在画中游的全新视觉感受。从不同角度能看到不同画面的精

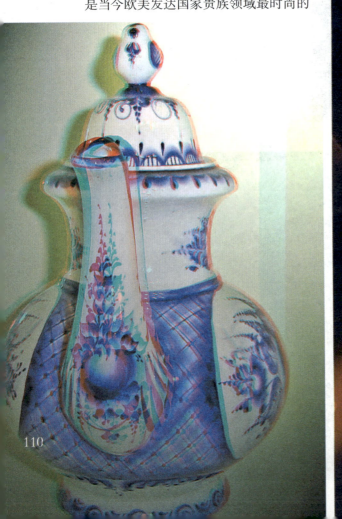

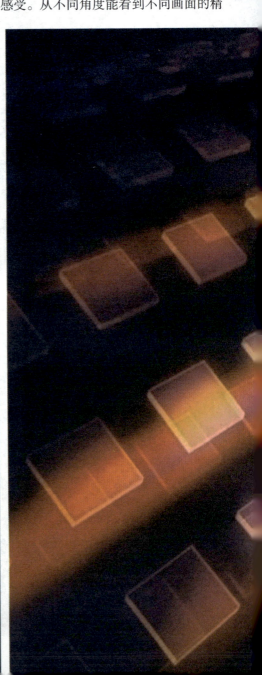

彩图像，并可设计产生出动画旋转、缩放、变幻等视觉效果！立体电影照片可应用到艺术人像写真、个性婚纱摄影、时尚儿童摄影、宠物宝贝摄影、商业产品摄影、室内装潢摄影、建筑雕塑立体展示、旅游风景摄影等等。

● 办公自动化

办公自动化（Office Automation，简称OA）是将现代化办公和计算机网络功能结合起来的一种新型的办公方式。办公自动化没有统一的定义，凡是在传统的办公室中采用各种新技术、新机器、新设备从事办公业务，都属于办公自动化的领域。在行政机关中，大都把办公自动化叫作电子政务，企事业单位就大都叫OA，即办公自动化。通过实现办公自动化，或者说实现数字化办公，可以优化现有的管理组织结构，调整管理体制，在提高效率的基础上，增加协同办公能力，强化决策的一致性，最后实现提高决策效能的目的。

办公自动化软件 >

早期的办公自动化软件主要任务是

完成文件的输入及简单的管理，实现了文档的共享及简单的查询功能；随着数据库技术的发展，客户服务器结构的出现，OA系统进入了DBMS的阶段；办公自动化软件真正成熟并得到广泛应用是在Lotu-sotes 和 Microsoft Exchange出现以后，所提供的工作流机制及非结构化数据库的功能可以方便地实现非结构化文档的处理、工作流定义等重要的OA功能，OA应用进入了实用化的阶段；但随着管理水平的提高和Internet技术的出现，单单实现文档管理和流转已经不能满足要求，OA的重心开始由文档的处理转入了数据的分析，即所说的决策系统，这时出现了以信息交换平台和数据库结合作为后台，数据处理及分析程序作为中间层，浏览器作为前台（三层次结构）的OA模式，这种模式下，可以将OA系统纳入由业务处理系统等系统构成的单位整体系统内，可以通过OA系统看到、分析、得到更全面的信息。基于B/S结构的办公自动化系统，适用于施工企业的办公自动化，它涵盖日常办公管理的基本流，具有较强的通用性。

平台化设计 〉

目前市场上的协同软件项目合作方式有项目化方式、产品化方式、平台化方式。项目化方式虽然能完全响应用户需求，但具有开发周期太长，质量不稳定，不可平滑升级等不足。产品化方式由于产品功能模块功能固定，适应面比较窄，难以满足用户不断增加的需求，解决不了"随需应变"问题，存在一定的局限性。市场上对于"协同平台"定义是不尽相同的，不少开发商提出的协同平台是指可供研发人员开发协同应用的平台，这种项目风险很大、工作量很大、失败的可能性也很大；用户需要的是开发商提供一个软件平台，在开发商对应用的理解基础上使用平台快速傻瓜式构建其应用。

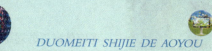

应用价值 〉

· 信息迅速传达到所有目标人员

通过在协同管理软件中发布通知、制度、新闻、办事指南等并且设立查看权限，所要传达的任何信息都能迅速传达到全球各地的移动办公的人员、分支机构、代理商、下上游垂直管理单位等等。

· 积累大量无形资产

单位制度、流程、专家技能、经验知识、工作成果、好的工作方法、工作技巧全部有效地管理起来，随时随地全球员工都可以共享，积累了最宝贵的资产。

· 每个人可以迅速找到自己需要的文档、资料

通过在协同管理软件中管理各部门的工作结果、资料，使得部门内部、部门之间能够方便地共享信息，员工快速得到组织给予员工的帮助，得到自己需要的资料，不再需要打电话、找文件、寻找他人帮助、查找电子邮件等等，依靠个人的协调能力获得资料。

· 流程得以规范，减少人为错误

使用协同办公管理软件可以梳理组织

115

的流程，把流程的各种规则固化下来，让每个人按规定的流程规则运转，每个参与流转的人无需要记忆各种复杂的流转规则，减少用人脑去判断流程的流向而在复杂的流程中不可避免的错误。

· 流程运行速度与效率提高，减少协作工作成本

使用协同办公管理软件可以轻松实现远程和移动办公，解决时间和空间的问题，实现事务处理"零响应"，每一个参与流转的人无需考虑时间与空间的问题，办理完毕即刻进入下一办理人，实现流程在各个环节之间的零传递时间。

· 分析流程各环节办理效率

通过协同办公管理软件可以快速分析组织哪个环节办事效率高，哪个环节办事效率低，便于快速把脉，出台治疗方案。

· 以流程为纽带整合孤立数据，实现全面协同

通过工作流作为总线来连接企业内外各种业务相关的异构系统、应用以及数据源，从而把各个既有的孤立的应用像PC的各种零部件一样接入这个总线，从而构成一个整合的企业业务系统。

· 掌握业务情况，实现实时的管理监控

在办公系统中各种情况可以随时随地查阅各种资料，查阅各种流程审批情况，查看下达的工作任务开展情况，办事人员也可以通过流程实时监控各环节办理情况和目前进展到什么情况，办理完毕业务人员可以对相关数据进行分析。

· 领导可以有计划地安排时间，排
除各种打扰

· 沟通成本低、方式更丰富，效率
大大提高

领导可以按自己的时间计划审批流程，查看下属工作情况，约见客户，避免大量无计划的请示、汇报、电话询问等等。

通过协同办公系统可以打破组织边界与地理位置边界，员工可以通过邮件、即时通讯、论坛、短信多种方式进行沟通，并且以这些沟通方式为手段把信息推送给用户，沟通形式更加丰富，效率更高。

· 全面整合孤立数据，节约时间，提高决策效率

在一个统一的界面上展现来自各个系统各种数据库的数据，可以看到客户关系管理系统的最新签约客户、最新订单，可

以看到生产系统的生产计划及生产情况，也可以看到来自销售一线的最新销量统计，无需记住各种账号与地址，进入各种系统，打开协同办公管理软件，所有内容统一展现在用户面前，同时还可以把互联网信息抓取到用户的面前。

· 实现全面的IT管理，节省管理成本，提高效率

管客户有CRM软件，管财务有财务软件，管生产、物流、供应有ERP，管人力资源有人力资源软件，市场上有很多专业的管理软件管理专业的领域，可是有时候用户并不需要专业的管理，基础的管理就够了，使用万户协同办公管理软件可以随心所欲建立多个基础的管理系统，可以建立客户管理、资产管理、接待管理等任意需要的管理系统并且可以随时调整这些应用。

· 实现企业文化的建设

"物质决定精神，内容需要形式"，文化的建设需要将理念层次上的内容用形式表现出来，传统方式在楼内张贴宣传栏、宣传画、简报，在办公室内悬挂企业文化价值观等等，这种方式无法达到无处不在、无时不在的文化建设氛围，而协同办公系统是新形势下企业文化建设的最好工具，因为协同办公系统是面向企业内部员工的常用的办公工具，设立专门的栏目发布企业的文化理念体系，或经常性地在论坛中探讨企业文化，或将企业的简报通过

平台发布等等……这一切都形成一种无处
不在、无时不在的文化氛围。

· 实现无纸化办公，节省纸张成本

利润是每个企业追求的最终目标,在产
出相对固定的情况下如何减少成本也是利
润最大化的重要方法，在日常的办公中发
个通知需要发大量的文件到企业各部门，
做个会议纪要需要发文件到很多相关人员，
纸张无所不在，铺天盖地，造成每年办公
成本高，另外纸张没有记忆也不能联网，
电子化有些优势是纸张无法比拟的，拿起
手中办公利器，让通知、会议纪要通过系
统自动下发，让生产订单通过系统自动流
转，让工作汇报通过系统自动找用户，让
用户的办公室不再堆满各种文件，大大节
约用户单位的纸张成本。

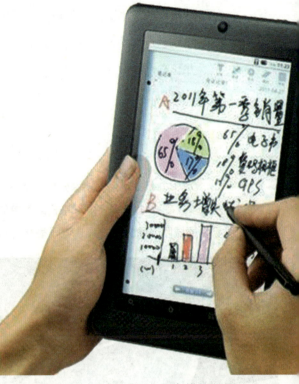

办公自动化的层次 〉

OA系统、信息管理级OA系统和决
策支持级OA系统是广义的或完整的OA
系统构成中的三个功能层次。三个功能

层次间的相互联系可以由程序模块的调
用和计算机数据网络通信手段做出。一
体化的OA系统的含义是利用现代化的计
算机网络通信系统把三个层次的OA系统
集成一个完整的OA系统，使办公信息的
流通更为合理，减少许多不必
要的重复输入信息的环节，以
期提高整个办公系统的效率。
一体化、网络化的OA系统的
优点是，不仅在本单位内可以
使办公信息的运转更为紧凑有

效，而且也有利于和外界的信息沟通，使信息通信的范围更广，能更方便、快捷地建立远距离的办公机构间的信息通信，并且有可能融入世界范围内的信息资源共享。

• 第一个层次

OA（办公自动化）技术分为三个不同的层次：第一个层次只限于单机或简单的小型局域网上的文字处理、电子表格、数据库等辅助工具的应用，一般称之为事务型办公自动化系统。办公事务OA中，最为普遍的应用有文字处理、电子排版、电子表格处理、文件收发登录、电子文档管理、办公日程管理、人事管理、财务统计、报表处理、个人数据库等。这些常用的办公事务处理的应用可做成应用软件包，包内的不同应用程序之间可以互相调用或共享数据，以便提高办公事务处理的效率。这种办公事务处理软件包应具有通用性，以便扩大应用范围，提高其利用价值。此外，在办公事务处理级上可以使用多种OA子系

OA
办公自动化

统 ，如电子出版系统、电子文档管理系统、智能化的中文检索系统（如全文检索系统）、光学汉字识别系统、汉语语音识别系统等。在公用服务业、公司等经营业务方面，使用计算机替代人工处理的工作日益增多，如订票、售票系统，柜台或窗口系统，银行业的储蓄业务系统等。事务型或业务型的OA系统其功能都是处理日常的办公操作，是直接面向办公人员的。为提高办公效率、改进办公质量、适应人们的办公习惯要提供良好的办公操作环境。

• 第二个层次

信息管理型OA系统是第二个层次。随着信息利用重要性的不断增加，在办公系统中对和本单位的运营目标关系密切的综合信息的需求日益增加。信息管理型的办公系统，是把事务型（或业务型）办公系统和综合信息（数据库）紧密结合的一种一体化的办公信息处理系统。综合数据库存放该有关单位的日常工作所必需的信息。例如，在政府机关，这些综合信息包括政

121

策、法令、法规，有关上级政府和下属机构的公文、信函等的政务信息；一些公用服务事业单位的综合数据库包括和服务项目有关的所有综合信息；公司企业单位的综合数据库包括工商法规、经营计划、市场动态、供销业务、库存统计、用户信息等。作为一个现代化的政府机关或企、事业单位，为了优化日常的工作，提高办公效率和质量，必须具备供本单位的各个部门共享的这一综合数据库。这个数据库建立在事务级OA系统基础之上，构成信息管理型的OA系统。

• 第三个层次

决策支持型OA系统是第三个层次。它建立在信息管理级OA系统的基础上。它使用由综合数据库系统所提供的信息，针对所需要做出决策的课题，构造或选用决策数字模型，结合有关内部和外部的条件，由计算机执行决策程序，作出相应的决策。随着三大核心支柱技术：网络通讯技术、计算机技术和数据库技术的成熟，世界上的OA已进入到新的层次，在新的层次中系统有四个新的特点：(1)集成化。软硬件及

网络产品的集成，人与系统的集成，单一办公系统同社会公众信息系统的集成，组成了"无缝集成"的开放式系统。（2）智能化。面向日常事务处理，辅助人们完成智能性劳动，如：汉字识别、对公文内容的理解和深层处理、辅助决策及处理意外等。（3）多媒体化。包括对数字、文字、图像、声音和动画的综合处理。（4）运用电子数据交换（EDI）。通过数据通讯网，在计算机间进行交换和自动化处理。这个层次包括信息管理型OA系统和决策型OA系统。例如，事务级OA系统称之为普通办公自动化系统，而信息管理型OA系统和决策支持型OA系统称之为高级办公自动化系统。例如，市政府办公机构，实质上经常定期或不定期地收集各区、县政府和其他机构报送的各种文件，然后分档存放并分别报送给有关领导者阅读、处理，然后将批阅后的文件妥善保存，以便以后查阅。领导者研究各种文件之后作出决定，一般采取文件的形式向下级返回处理指示。这一过程，是一个典型的办公过程。在这一过程中，文件本身是信息，其传送即是信息传送过程。但应当注意到，领导在分析决策时，可能要翻阅、查找许多相关的资料，参照研究，所以相关的资料查询、分析及决策的选择也属于信息处理的过程。

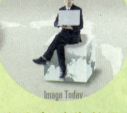

办公自动化的程度 >

目前企业的办公自动化程度可以划分为以下四类：

▲起步较慢、还停留在使用没有联网的计算机，使用MS Office系列、WPS

系列应用软件以提高个人办公效率。

▲已经建立了自己的Intranet网络，但没有好的应用系统支持协同工作，仍然是个人办公。网络处在闲置状态，企业的投资没有产生应有的效益。

▲已经建立了自己的Intranet网络，企业内部员工通过电子邮件交流信息，实现了有限的协同工作，但产生的效益不明显。

▲已经建立了自己的Intranet网络；使用经二次开发的通用办公自动化系统；能较好地支持信息共享和协同工作，与

外界联系的信息渠道畅通；通过Internet发布、宣传企业的产品、技术、服务；Intranet网络已经对企业的经营产生了积极的效益。现在正着手开发或已经在使用针对业务定制的综合办公自动化系统，实现科学的管理和决策，增强企业的竞争能力，使企业不断发展壮大。

办公自动化的实施应该考虑企业的实际情况，主要是企业的经济实力。按照上述分析，第一类企业进行办公自动化建设就需要较多投入，既要搭建企业Intranet网络，又要开发办公自动化系统，需要企业有较强的经济实力才能完成；而对于第二、第三类企业，由于企业Intranet网络已经存在，只是没有或没有好的办公应用系统，所以只需投入相对网络投资少得多的资金即可开发通用办公自动化系统，产生较高的投资回报，即便一步到位开发综合办公自动化系统，其投资也要比网络投资少得多，而产生的经济效益更高；对于

第四类企业，由于其办公自动化基础好，只需较少的投资即可达到目前办公自动化的最高水平。

适合使用的情境 >

那么，什么样的企业适合使用办公自动化(OA)系统？几乎所有企业都适合使用办公自动化(OA)系统，但不同企业使用的目的性会有所不同，具体是：

1.信息化尚未入门的企业

由于没有信息化应用基础，使用办公自动化有着近乎100%的成功率，有利于提高企业各级人员的基本素质与计算机方面的实际操作能力，有利于今后业务领域信息化工作的开展。

2.信息化失败或者严重缺乏信息化工作信心的企业

信息化失败，特别是大型业务管理系统失败，例如ERP，给企业方面的信心打击是十分沉重的，为了重塑信心或者一开始就回避一下风险，选择办公自动化不失为一种选择。

3.缺少信息化资金准备的企业

信息化投入一般比较昂贵，在没见到实际效果的时候，多数企业会犹豫不决。因此，对于谨慎型的企业或者资金不充裕的企业，先上办公自动化(OA)，有利于企业逐步了解企业信息化及其作用，减少今后信息化工作的盲目性。

4.已拥有业务管理系统且需要进一步改善行政办公与内部信息交流环境的企业

办公自动化(OA)与业务管理系统互为补充，可以丰富并完善企业信息化工作的形式与内容。

办公自动化的历史演变

起步阶段

（1985年－1993年）：是以结构化数据处理为中心，基于文件系统或关系型数据库系统，使日常办公也开始运用IT技术，提高了文件等资料管理水平。这一阶段实现了基本的办公数据管理（如文件管理、档案管理等），但普遍缺乏办公过程中最需要的沟通协作支持、文档资料的综合处理等，导致应用效果不佳。

应用阶段

（1993年－2002年）：随着组织规模的不断扩大，组织越来越希望能够打破时间、地域的限制，提高整个组织的运营效率，同时网络技术的迅速发展也促进了软件技术发生巨大变化，为OA的应用提供了基础保证，这个阶段OA的主要特点是以网络为基础、以工作流为中心，提供了文档管理、电子邮件、目录服务、群组协同等基础支持，实现了公文流转、流程审批、会议管理、制度管理等众多实用的功能，极大地方便了员工工作，规范了组织管理，提高了运营效率。

发展阶段

OA应用软件经过多年的发展已经趋向成熟，功能也由原先的行政办公信息服务，逐步扩大延伸到组织内部的各项管理活动环节，成为组织运营信息化的一个重要组织部分。同时市场和竞争环境的快速变化，使得办公应用软件应具有更高、更多的内涵，客户将更关注如何方便、快捷地实现内部各级组织、各部门以及人员之间的协同、内外部各种资源的有效组合、为员工提供高效的协作工作平台。

办公自动化的发展方向 >

办公自动化的发展方向应该是数字化办公。所谓数字化办公即几乎所有的办公业务都在网络环境下实现。从技术发展角度来看，特别是互连网技术的发展、安全技术的发展和软件理论的发展，实现数字化办公是可能的。从管理体制和工作习惯的角度来看，全面的数字化办公还有一段距离，首先数字化办公必然冲击现有的管理体制，使现有管理体制发生变革，而管理体制的变革意味着权力和利益的重新分配；另外管理人员原有的工作习惯、工作方式和法律体系有很强的惯性，短时间内改变尚需时日。尽管如此，全面实现数字化办公是办公自动化发展的必然趋势。

数字化办公 〉

实现数字化办公既不同于传统的OA，也不同于MIS的建设，它的结构是Intranet网的结构，它的构建思路是自上而下的，即首先把整个内部网看成一个整体，这个整体的对象是网上所有用户，它必须有一个基础，这个基础为内网平台，就好像PC必须有一个操作系统为基础一样。内网平台负责所有用户对象的管理、负责所有网络资源（含网络应用）的管理、

网络资源的分层授权、网络资源的开放标准和提供常用的网络服务（如邮件、论坛、导航、检索和公告等）。在平台的基础之上，插接各种业务应用（可理解为传统的MIS），这些应用都是网络资源。用户通过统一的浏览器界面入网，网络根据用户的权限提供相应的信息、功能和服务，使用户在网络环境下办公。

· 数字化办公的技术思路

　　实现数字化办公必须有良好的技术支撑，考虑到数字化办公的授权和开放这两个特点，首选技术应该是互联网技术及标准，在此基础上采用相关技术。实现数字化办公离不开工作流技术，目前比较流行的是以邮件系统为基础的工作流技术，或叫群件技术。现在随着WEB技术的发展，基于Intranet模式下的工作流软件也越来越多，这种类型的工作流直接使用消息传递中间件作为消息传递手段，不需使用专用的邮件系统做消息平台。这样整个工作流软件负载轻、开放性好、维护方便，并且易于和网上其他业务系统结合。这种技术也和电子商务所使用的技术方向是一致的。因此基于WEB的工作流软件将在未来的数字化办公领域占主导地位。

· 发展策略

　　根据中国办公自动化建设的现状和存在的问题，使中国办公自动化建设走上健康快速发展的轨道，在办公自动化建设方面应采取如下对策：在组织实施方面，从传统的工业项目管理体制转向专业化和产品化实施体制，确保系统的运行维护和系统持续的升级，走合作与分工并举的道路。由此可造就一批以办公自动化为业务核心的、规模较大的专业软件公司。在技术选向方面：选择与世界发展潮流吻合的技术。

现在还在流行的技术并不能代表未来一定能够流行。应用系统全部在服务器端，是标准的三层结构体系。系统负载轻，开放性好，系统维护升级方便。系统设计方法：考虑到中国办公自动化的现状，采用生命周期法和快速原型法相结合，在已有产品的基础上，以快速原型法为主。在实施方面遵循统一规范和分布实施的原则。在设计思想方面，从传统的面向业务的设计转向面向用户的设计，即将设计的着眼点放在用户对象身上，设计视角范围是整个内部网，在此基础之上进行相关业务设计。将面向对象的思想引入到系统设计中去。在实现方法方面，从传统的结构化设计转向采用复杂适用系统（CAS）理论进行实现，即从一般的业务需求中抽象出关键的复杂适应系统，该系统能够适应环境变化，系统使用越久，积累的有价值的东西就越多。

发展趋势 〉

伴随着企业信息化发展的浪潮汹涌，组织流程的固化、改进、知识的积累、应用、技术的创新、提升，OA也在不断求新求变，最终OA系统将会脱胎换骨，全新的"智能型自动化的OA"将成为未来的发展方向，将更关注组织的决策效率，提供决策支持、知识挖掘、商业智能等全面系统服务。届时OA可能不叫OA，换为更能体现其价值的名称，例如"企业知识门户ERP"、"管理支撑平台MSS"等，这已经远远超出传统OA的范畴，演变成为企业的综合性强大管理支撑平台。作为中国机关和企事业单位信息化的应用基础办公自动化今后如何发展演变将对中国信息产业格局、机关和企事业单位信息化的应用普及产生重要影响，OA未来3~6年将如何演绎，以下是未来OA的面貌。

·人性化

传统的OA功能比较单一，员工容易使用，随着功能的不断扩展，员工对功能的需求也不尽相同，这就要求系统必须具有人性化设计，能够根据不同员工的需要进行功能组合，将合适的功能放在合适的位置给合适的员工访问，实现真正的人本管理。未来OA的门户更加强调人性化，强调易用性、稳定性、开放性，强调人与人沟通、协做的便捷性，强调对于众多信息来源的整合，强调构建可以拓展的管理支撑平台框架，从而改变目前"人去找系统"的现状，实现"系统找人"的全新理念，让合适的角色在合适的场景、合适的时间里获取合适的知识，充分发掘和释放人的潜能，并真正让企业的数据、信息转变为一种能够指导人行为的意念、能力。其实"人性化"也即一种"自动化"。

·无线化

利用新技术，使移动OA协同应用成为未来增长点。信息终端应用正在全面推进融合，3G无线移动技术在中国已广泛应用，它使融合了计算机技术、通信技术、互联网技术的移动设备将成为个人办公必备信息终端，在此载体上的移动OA协同应用将是管理的巨大亮点，实现无处不在、无时不在的实时动态管理，这将给传统OA带来重大的飞跃。目前国内一些主流OA软件企业正积极利用现代手机移动技术，使OA移动办公、无线掌控将可信手拈来，随时随处可行。

·智能化

随着网络和信息时代的发展，用户在进行业务数据处理时，面对越来越多的数据，如果办公软件能帮助用户做一些基本的商业智能(BI)分析工作，帮助用户快速地从这些数据中发现一些潜在的商业规律与机会，提高用户的工作绩效，这将对用户产生巨大的吸引力。在微软的Office 2007版本中已经提供了一些基本的商业智能的功能，如通过不同颜色显示数据的大小和按照进度条来反映数值的大小等，相信未来会有更多的这方面功能。另外办公软件还有一些其他发展趋势，OA软件本身将更加智能化，如可自定义邮件、短信规则、强大的自我修复功能、人机对话、影视播放、界面更加绚丽多彩等等。

· 协同化

近年来不少企业建立了自己的办公系统，并上马了财务管理软件，还陆续引入了进销存、ERP、SCM、HR、CRM等系统，这些系统虽在提升企业效率和管理的同时，也形成了各自为政的信息孤岛，无法形成整合效应来帮助企业更高效管理和决策。因此能整合各个系统、协同这些系统共同运作的集成软件成了大势所趋，将愈来愈受企业的欢迎。因此未来OA将向协同办公平台大步前进，协同OA系统能把企业中已存在的MIS系统、ERP系统、财务系统等存储的企业经营管理业务数据集成到工作流系统中，使得系统界面统一、账户统一，业务间通过流程进行紧密集成，将来还有可能与电子政务中的公文流转、信息发布、核查审批等系统实现无缝集成协同。因此协同理念和协同应用将更多地纳入OA中，实现从传统OA到现代协同OA转变。强调协同，不仅仅是OA内部的协同，而应该是OA与其他多种业务系统间的充分协同、无缝对接。

· 通用化

上世纪90年代初出现的"项目式开发OA"以及之后的"完全产品化OA"，其满足用户"个性需求"和"适应性需求"、"低成本普及"方面实在让人难以乐观，而"通用OA"是OA技术不断进步的结果，正如Windows最终替代了DOS系统，其更强通用性、适应性以及适中的价格，更符合用户的广泛需求，创造了大规模普及的充分

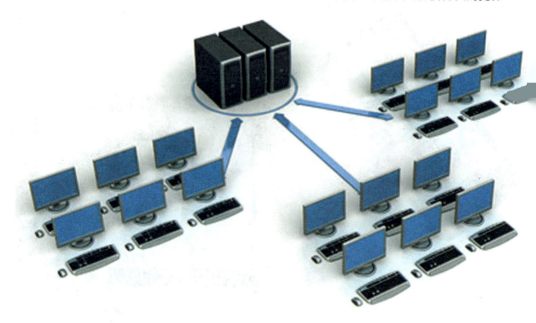

充分条件，"通用OA"显然是符合未来软件技术发展潮流。但为解决部分用户对"通用等于无用"的疑虑，通用化应具有行业化某些特性，而不是空泛粗浅的通用化，能结合行业的应用特点、功能对口需求，未来OA的应用推广将更为迅捷有效。

·门户化

OA是一种企业级跨部门运作的基础信息系统，可以联结企业各个岗位上的各个工作人员，可以联结企业各类信息系统和信息资源。在基于企业战略和流程的大前提下，通过类似"门户"的技术对业务系统进行整合，使得ERP、CRM、PDC等系统中的结构化的数据通过门户能够在管理支撑系统中展现出来，提供决策支持、知识挖掘、商业智能等一体化服务，实现企业数字化、知识化、虚拟化，转变成为"一点即通"的企业综合性管理支撑门户。

·网络化

网络和信息时代的日新月异，如何能将现有的OA系统与互联网方轻松地衔接是OA未来之势。如GOOGLE推出了网上在线的文档处理软件和电子表格软件，实现了网上办公的无缝衔接；微软Office用户可直接在Office软件中搜索到与其工作相关的网络上的资源、用户可在Office软件中直接撰写自己的BLOG，并将其发送到网上的BLOG空间，实现移动办公。这给国内OA软件商指明了未来的一个前进方向，如何将现有的OA系统与互联网有效地衔接互动，而不是"另起一页"，将决定自己的竞争力、市场地位。

One world, One system

Office Anywhere® 2009

网络智能办公系统

用户名 [   ] 密码 [   ] [登录]

135

图书在版编目（CIP）数据

多媒体世界的遨游 / 费希娟编著. -- 北京：现代
出版社, 2014.1

ISBN 978-7-5143-2099-2

Ⅰ.①多… Ⅱ.①费… Ⅲ.①多媒体技术 – 青年读物
②多媒体技术 – 少年读物 Ⅳ.①TP37-49

中国版本图书馆CIP数据核字(2014)第007797号

多媒体世界的遨游

作　　者	费希娟
责任编辑	王敬一
出版发行	现代出版社
地　　址	北京市安定门外安华里504号
邮政编码	100011
电　　话	(010) 64267325
传　　真	(010) 64245264
电子邮箱	xiandai@cnpitc.com.cn
网　　址	www.modernpress.com.cn
印　　刷	汇昌印刷(天津)有限公司
开　　本	710×1000　1/16
印　　张	8.5
版　　次	2014年1月第1版　2021年3月第3次印刷
书　　号	ISBN　978-7-5143-2099-2
定　　价	29.80元